助力乡村振兴农牧民培训教材

燕麦高产栽培与病虫草害绿色防控

王凤梧　连　冰　主编

中国农业大学出版社
·北京·

内容简介

燕麦是我国重要的特色农作物之一，种植历史悠久，是人类和动物可直接利用的粮食及饲料作物之一。燕麦产业的发展对农牧业结构调整、农牧民增产增收、生态环境改善及消费者健康等方面具有重要的作用。燕麦高产栽培和病虫草害绿色防控一直是农业生产者和相关研究人员重视和关注的课题。加强优质燕麦的高产栽培及病虫草害的绿色防控，是提升燕麦生产种植水平和提高燕麦产量、品质的关键。本书语言简明，讲解清晰，主要介绍了燕麦优良品种、燕麦栽培技术、燕麦种子生产、燕麦加工技术、燕麦病虫草害及绿色防控技术等方面的内容。本书可供高素质农民培训使用，也可供广大基层技术人员在燕麦生产推广工作中阅读参考。

图书在版编目(CIP)数据

燕麦高产栽培与病虫草害绿色防控 / 王凤梧，连冰主编．--北京：中国农业大学出版社，2024.1

ISBN 978-7-5655-3155-2

Ⅰ.①燕… Ⅱ.①王… ②连… Ⅲ.①燕麦－高产栽培 ②燕麦－病虫害防治 Ⅳ.①S512.6

中国国家版本馆 CIP 数据核字(2023)第 252860 号

书　名　燕麦高产栽培与病虫草害绿色防控

作　者　王凤梧　连　冰　主编

策划编辑　张　玉　　**责任编辑**　张　玉

封面设计　郑　川　李尘工作室

出版发行　中国农业大学出版社

社　址　北京市海淀区圆明园西路 2 号　　**邮政编码**　100193

电　话　发行部 010-62733489，1190　　读者服务部 010-62732336

编辑部 010-62732617，2618　　出　版　部 010-62733440

网　址　http://www.caupress.cn　　**E-mail** cbsszs@cau.edu.cn

经　销　新华书店

印　刷　涿州市星河印刷有限公司

版　次　2024 年 1 月第 1 版　　2024 年 1 月第 1 次印刷

规　格　170 mm×228 mm　　16 开本　　8.25 印张　　83 千字

定　价　25.00 元

本书编委会

主　编　王凤梧　连　冰

副主编　郑成忠　张子臻　梅　雪　叶　录　徐振朋　王千军

编　委　王小明　王美玲　石　军　石　丽　朱树萍
邬秀芳　刘丽华　刘柯松　米俊珍　孙娟娟
孙　影　杜　忠　李利平　李　瑞　杨　舟
何竹青　吴咏梅　杨瑞霞　张志芬　张丽娟
张利军　赵紫峰　郝玉莲　郝　帅　郝瑞平
贾江平　贾志勇　高　利　高　峰　黄文娟
康艳军　董利生　廉培勇　谭桂莲　戴桂香

前　言

燕麦是我国重要的特色农作物之一，种植历史悠久，是人类和动物可直接利用的粮食及饲料作物之一。燕麦产业的发展对农牧业结构调整、农牧民增产增收、生态环境改善及消费者健康等方面具有重要的作用。燕麦高产栽培和病虫草害绿色防控一直是农业生产者和相关研究人员重视和关注的课题。加强优质燕麦的高产栽培及病虫草害的绿色防控，是提升燕麦生产种植水平和提高燕麦产量、品质的关键。

本书主要内容包括燕麦生产概述、燕麦优良品种、燕麦栽培技术、燕麦种子生产、燕麦加工技术、燕麦病虫草害及绿色防控技术等。

由于编者水平有限，加之时间仓促，本书疏漏之处在所难免，敬请广大读者和同行、专家批评指正。

编　者

2023 年 10 月

目　录

第一章　燕麦生产概述 …………………………… 1

第一节　燕麦的植物学特征 …………………………… 1

第二节　燕麦的生物学特性 …………………………… 5

第三节　燕麦的价值 …………………………………… 7

第二章　燕麦优良品种 ……………………………… 12

第一节　当前燕麦主推品种简介 ……………………… 13

第二节　燕麦新品种的推广利用 ……………………… 29

第三章　燕麦栽培技术 ……………………………… 34

第一节　燕麦生产管理 ………………………………… 34

第二节　北方燕麦“一早三改”栽培技术 …………… 43

第三节　燕麦地膜覆盖栽培技术 ……………………… 46

第四节　饲草燕麦栽培技术 …………………………… 51

第五节　有机燕麦栽培技术 …………………… 53

第四章　燕麦种子生产 ……………………… 58

第一节　燕麦种子生产概况 ………………… 58
第二节　燕麦种子繁育技术 ………………… 61
第三节　燕麦种子收获、清选和贮运 ……… 68
第四节　种子检验及销售 …………………… 72

第五章　燕麦加工技术 ……………………… 80

第一节　燕麦片的加工技术 ………………… 80
第二节　燕麦粉的加工技术 ………………… 84
第三节　燕麦米的加工技术 ………………… 87
第四节　燕麦乳的加工技术 ………………… 90
第五节　燕麦酒的加工技术 ………………… 91

第六章　燕麦病虫草害及绿色防控技术 …… 95

第一节　燕麦病害及其防治 ………………… 96
第二节　燕麦虫害及其防治 ……………… 105
第三节　燕麦草害及其防治 ……………… 113

参考文献 …………………………………… 124

第一章　燕麦生产概述

第一节　燕麦的植物学特征

燕麦为禾本科一年生草本植物，从植株形态上可分为根、茎、叶、穗、花、果实等6大部分。

一、根

燕麦属于须根类作物，其根可分为初生根（种子根）和次生根（永久根）。初生根是种子萌发时生出的根，一般有3～5条，集中分布在土层10 cm以内，其作用是在次生根未长出前从土壤中吸收水分和营养，供幼苗的生长发育。

次生根主要着生于地下分蘖节上，通常一个分蘖可长出2～3条次生根，因此分蘖多的品种植株根量大、抗旱抗倒能力强。次生根主要集中在地下30 cm土层中，最长的可达2 m。次生根及其上着生的须根共同形成强大的根系。次生根伴随燕麦植株的一生，是为植株提供水分和营养的主要器官。

二、茎

燕麦的茎为圆筒状，光滑而无毛，由节间将茎分成若干节。茎分地上茎与地下茎两部分，一般品种地上茎为4～6节，少则为3节，多则可达8～9节或更多。节数与品种的生育期以及光周期有关，生育期短的品种节数少，生育期长的品种节数多；长日照条件下节数少，短日照条件下节数多。茎节间长短也不尽相同，基部的节间短，依次向上逐渐加长，穗下茎节最长。茎节间长短与品种有关，也与栽培条件如水、肥、光照和通风状况有关，晚熟、高秆品种茎节间较长，早熟、矮秆品种茎节间短；水、肥充足，光照时间短，通风透光差的条件下，茎节长，反之则短。茎秆的直径因品种与栽培条件而异，一般为3～5 mm。茎壁的厚度为0.2～0.4 mm，髓腔直径2～4 mm。茎秆是植株生长发育的输导器官，负责将根吸收的无机营养运送到茎叶部，再将茎叶部通过光合作用制造的部分有机物质运送到根部，供根的生长；茎的另一个作用是支撑作用。因此，茎秆的质量与抗倒伏能力有关，一般茎壁厚、纤维化程度高、有韧性的品种植株不易折断，抗倒伏能力强；反之，则抗倒伏能力差。

三、叶

燕麦的叶为披针形，由叶鞘、叶舌、叶关节和叶片4部分组成，叶面有茸毛和气孔。一般品种主茎叶片数为5～8片，多为7片，个别品种的叶片数可达9～10片或更多。叶片数的多少与品种的生育期以及光周期有关，生育期短的品种叶片数少，生育期长的品种叶片数多；同一品种，光照时间长，叶片数少，光照时间短，叶片数增多。叶片着生于茎节上，一节一叶。分初生叶、中生叶和旗叶，叶片长度一般8～30 cm，最长的可达 50 cm，初生叶短，中生叶长，旗叶短，倒二叶最长，整株的叶片分布呈纺锤形；叶片的长短、大小与品种有关，也与栽培条件相关，水肥条件好，叶片大；水肥条件差，则叶片小。叶片是植物进行光合作用的主要器官，其光合产物是燕麦生长和产量品质形成的物质基础，但并不是叶片越大产量越高。叶片过大时，一是其自身的生长需消耗掉部分养分；二是会造成田间郁闭，通风透光差，茎叶软，易发生倒伏而减产。因此，高产田要适当控制叶片的生长，降低叶面积系数。为了提高单产，控制叶子的生长，确定各生育阶段的叶量，以叶面积系数为掌控指标(叶面积系数＝绿叶总面积/占地面积)。

四、穗

燕麦的穗为圆锥状或复总状，多数品种为周散形，或称伞形，少数品种为侧散形。燕麦的穗由穗轴、枝梗和小穗(俗称铃子)组成。穗轴实际是茎节的变异与延伸，由茎与节组成，节上着生多个枝梗，形成轮层，一般品种有 4～6 个轮层，多的可达 9 个轮层以上。穗节间长短因品种而异，且基部的长，顶部的短。一级枝梗上着生二级枝梗、三级枝梗，枝梗上着生小穗。穗节间短、枝梗短的品种为紧穗型品种，反之为松散型品种。另外，穗节间距和枝梗的长短还与栽培条件有关，有的品种表现非常明显，如‘坝莜 1 号’，水肥条件差时，在穗上形成密集的扭曲圪垯，称为“圪垯穗”。

燕麦的小穗着生在各级枝梗的顶端或枝梗节上，由小穗枝梗、2 片护颖和多个小花组成，两片护颖托着多个小花。皮燕麦与裸燕麦的小穗有所不同，皮燕麦的小穗枝梗短，一般其内外稃包着的小花长度不会超出护颖的长度，形成燕尾状，故称燕尾铃（笔者认为燕麦的称谓可能由此而得名）；裸燕麦多为串铃形，即小穗枝梗比较长，而且一个比一个长，花朵形成一串，一串有4～6朵花，多的可达十几朵。

燕麦的穗一般有15～40个小穗，多的可达100多个。小穗数的多少与品种及栽培条件相关，水肥条件充足，种植密度小，在枝梗与小穗分化期间温度低、光照时间短，形成的小穗多；反之，小穗少。

五、花

燕麦的花由1片内稃、1片外稃和3个雄蕊、1个雌蕊组成。燕麦的外稃大于内稃。皮燕麦的内外稃与裸燕麦有所不同，皮燕麦的内外稃革质化，比较坚硬，成熟后紧紧包着种子，脱粒后仍不与种子分离，故称皮燕麦，紧包着的内外稃也被称为壳。裸燕麦的内外稃膜质化，较软，成熟后易与种子分离，脱粒后内外稃破碎，种子呈裸粒状，故称裸燕麦。裸燕麦种子大部分的内外稃脱粒时都被脱去，但少部分的内外稃革质化，包着种子，被称为带壳籽粒。燕麦有雄蕊3枚，雄蕊由花丝和花药组成，花药着生于花丝上，雌蕊1枚，由子房和柱头组成，为单子房，二裂柱头，呈羽毛状。开花前内外稃紧紧包着雄蕊与雌蕊，开花后花丝将花药推出内外稃，为典型的自花授粉作物。据杨才试验研究表明，燕麦天然杂交率只有0.01%～0.03%。燕麦的每一小穗结实多为2～3粒，多的可达4～6粒或以上。结实粒数的多少与品种和栽培条件有关。结实粒数多的品种籽粒大小差异较大。

六、果实(种子)

燕麦的果实为颖果，由果皮、胚和胚乳组成。果实瘦长而有腹沟，表面密生茸毛(俗称莜麦毛子)，籽粒顶端茸毛较多。茸毛的多少品种间差异较大。燕麦的果实着生于小穗上，内稃与外稃中间。皮燕麦内外稃紧包着种子，需要通过机械加工才能脱皮；裸燕麦在收获时内外稃与种子已分离，脱粒后为裸粒型，加工时不用脱壳。皮燕麦的种子有黑色、褐色、白色、黄色等多种，千粒重一般为25～30 g，高的可达40 g以上，皮壳率一般在25％～35％，脱壳后的种子与裸燕麦种子无差异。裸燕麦种子有多种形状，如圆筒形、卵圆形、纺锤形、椭圆形等，种皮为白色、粉红色、黄色等，千粒重一般在20 g左右，高的可达35 g，低的仅为13.14 g。

第二节　燕麦的生物学特性

燕麦是长日照作物，喜凉爽和湿润，因此对光照、高温和干燥反应敏感，各个生育阶段对外界环境条件的要求不同。

一、低温类作物

燕麦是典型的低温类作物，喜冷凉环境，耐高温能力较差。一般情况下，燕麦在2 ℃左右即可发芽，即便降低温度其幼苗也不会被冻伤、冻死。燕麦最佳生长温度是17～20 ℃，其所耐受温度范围不超过30 ℃，一旦超过30 ℃燕麦的生物结构会出现损伤，气孔萎缩而失去作用。

在北方，农民往往选择地温超过 5 ℃时进行燕麦播种工作。若土壤适宜、水分适中，燕麦仅需种植 5 d 左右就会冒芽，14 d 左右能破土而出。若地温达到 10 ℃左右，燕麦出苗期将会提前，反之，低温下燕麦出苗时间会有所延迟。燕麦生长要经历出苗、分蘖、拔节、抽穗、开花、灌浆、成熟几个重要阶段。具体的，出苗到分蘖阶段倘若外界气温较低，燕麦会呈现出较低的生长态势，但是实质上对燕麦抽穗的分化是有好处的。所以，种植燕麦的人员应该考虑在温度适宜的基础上提前播种，但倘若由分蘖阶段到拔节阶段的外界温度较低，那么燕麦极有可能无法形成大穗。除此以外，气温对于燕麦的开花受精有决定性影响，外界气温低于 15 ℃时，燕麦不能抽穗开花；而当气温过于干燥炎热时，燕麦的受精过程会遭到破坏，同样不能开花结实。

二、长日照作物

燕麦是典型的长日照作物，燕麦整个生长发育周期，大概需 800 h 左右日照。尤其是在分蘖到抽穗的生长期间内，如果光照强度和光照时间欠缺，燕麦的生长速度就会被遏制。而且，有一定的可能性会导致麦穗分化周期长、发育迟缓。考虑到燕麦的长日照特点，实际种植过程中，种植人员要采取比较有效的增加光照实数的方案，延长燕麦穗的分化期，确保燕麦的产量和经济价值提升。

三、需水特性

燕麦生长过程中对水源的需求较高。例如，燕麦种子萌芽时,水量达到自身重量的65%时才会呈现出发芽的趋势,和其他谷类作物相比,燕麦的生长蓄水量整体偏高。当然,燕麦的蒸腾系数较高,和其他谷类作物相比也具有较高的抗旱性能。这说明燕麦在不同的生长周期内,对水量的需求程度有所差异。幼苗期的耗水量大概占整个生命周期的9%,灌浆期到成熟期的蓄水量大概占整个生命周期的20%,而剩下的70%左右则由分蘖期到抽穗期包揽。在这一期间,倘若燕麦苗出现比较严重的缺水现象,将导致燕麦大幅度减产,所以这一时期燕麦苗对于水的需求程度最高。

第三节 燕麦的价值

燕麦是一种重要的杂粮,也是药食同源作物,不仅能供人食用,还能用作饲草。燕麦是一种低糖、高营养、高能食品,性味甘平,能益脾养心、敛汗,有较高的营养价值。体虚自汗、盗汗或肺结核病人,可用燕麦煎汤服,或舂去皮做面蒸食及做饼食。燕麦富含膳食纤维,有利于促进肠胃蠕动和排便,能有效降脂降糖。燕麦还具有抗细菌、抗氧化的功效,能够增强人体免疫力。

一、营养价值

随着人民群众生活水平的提高,肉类摄入增加,米面谷类加工精细,食物中膳食纤维缺乏,容易造成超重和肥胖,还易引发“三高”(高血脂、高血压、高血糖)疾病,提高心血管疾病发病率。据世界卫生组织调查表明,由高血压、高血脂和高血糖导致的心血管疾病已成为影响人类死亡的头号杀手。因此，预防和控制“三高”迫在眉睫。现代医学证实燕麦是一种富含丰富膳食纤维，具有降血脂、降血压、抗氧化等多种生物活性的食品。研究燕麦降血脂和降血压机理，并从中分离提取有价值的成分加工成功能食品，是目前营养学关注的热点之一。燕麦可作为今后预防和治疗高血脂、动脉粥样硬化、冠心病等主要心血管疾病的一种较为理想的药物原料。

中国医学科学院卫生研究所综合分析表明，我国裸燕麦蛋白质含量在禾谷类作物中居首位，粗蛋白质含量达15.6%，脂肪含量达8.5%。燕麦是谷物中氨基酸较为平衡的谷物，氨基酸组成比较全面，含有人体必需的8种氨基酸，接近FAO/WHO推荐的氨基酸营养模式。它帮助促进人体生长发育，特别是含有助于增进智力和骨骼发育的赖氨酸，含量每100 g高达680 mg。常吃燕麦食品能改善由于粮食精加工导致的“赖氨酸缺乏症”缺陷。

燕麦中水溶性膳食纤维、硒和维生素E的含量丰富，还含有谷类食粮中缺少的皂苷(人参的主要成分)。硒有助于增强免疫力、防癌、抗癌、抗衰老等，燕麦中硒的含量是大米的34.8倍，小麦粉的3.7倍，玉米的7.9倍，居谷物之首。燕麦中水溶性膳食纤维分别是小麦和玉米的4.7倍和7.7倍。每100 g燕麦粉中维生素E高达15 mg，维生素E有利于末梢血管的扩张，改善血液循环，减少更年期症状。燕麦富含锌，锌能促进伤口愈合。燕麦含丰富的核黄素、磺胺素、叶酸等B族维生素，有利于保护神经系统，抗炎、消除肌肉疼痛并增强免疫力。燕麦中含有的纤维、磷、钾、铁、泛酸和微量铜，不仅降低胆固醇，对脂肪肝、糖尿病、便秘等也有辅助疗效。

燕麦常和其他食物搭配食用，比如燕麦与牛奶同食，有利于蛋白质、膳食纤维、维生素及多种微量元素的吸收。燕麦与山药同食有助于延年益寿，是糖尿病、高血压、高血脂患者的食疗佳肴。燕麦与南瓜同食，可以益肝和胃，润肠通便，降血压，降血脂。

二、食用价值

燕麦在杂粮消费中占很大比例，燕麦中富含可溶性纤维和不溶性纤维，能大量吸收人体内的胆固醇并排出体外。此外，燕麦吃了易饱耐饥，有助于控制食欲，延缓胃的排空，是不可多得的天然减重食物。

燕麦的吃法很多，常见的搓成长条的莜面“鱼鱼”；推成刨花状的“猫耳朵窝窝”；用熟山药泥和莜面混合制成的“山药饼”；燕麦包野菜的“菜角”；也有直接将燕麦炒熟加糖或加盐的“炒面”，可以干吃也可以用水调成糊状喝；将生山药蛋磨成糊状和莜面挂成丝丝的“圪蛋子”；用熟山药和燕麦拌成小块状再炒制成“谷垒”；小米粥煮拨鱼鱼的“鱼钻沙”；等等。

三、饲用价值

燕麦籽实含有大量易消化、高热量的营养物质，蛋白质、脂肪、维生素、矿物质元素和纤维素五大指标高于小麦、玉米、水稻、大麦、高粱以及糜子，它不只是各类家畜特别是马、牛、羊的良好精料，也是饲养幼畜、老畜、病畜和重役畜以及鸡、猪等家畜家禽的优质饲料。燕麦籽实中还含有较高含量的 β-葡聚糖和抗氧化成分，而β-葡聚糖能促进动物肠道中的双歧杆菌和乳酸杆菌增殖，抑制大肠杆菌繁殖，改善肠道健康。

燕麦草中可消化纤维、可溶性碳水化合物和过瘤胃的蛋白含量高，部分燕麦草由于含糖量高，有“甜干草”的美誉。燕麦的青刈茎叶较其他麦类作物茎叶更富于营养，嫩而多汁，青饲或调制干草都适宜，并且燕麦草适口性好、消化率高，能和豆科牧草豌豆或箭筈豌豆混播。燕麦麸皮对于猪等杂食动物来说也是较好的纤维性饲料原料。

四、药用价值

燕麦含高蛋白低糖，是糖尿病人的优选食品，长期食用燕麦米有利于糖尿病和肥胖病的控制，能够预防大肠癌。燕麦中含量丰富的亚油酸可降低胆固醇在心血管中的积累，有助于降血脂、降血压，防治心脏疾病。动脉粥样硬化性冠心病患者经常食用燕麦，有利于胆固醇、甘油三酯降低，对于因肝肾病变、糖尿病以及脂肪肝等引起的继发性高脂血症也有一定改善。此外，燕麦还用于产妇催乳、婴儿发育不良以及老年体弱症，还可用来治疗皮肤干燥和瘙痒。

五、美容价值

燕麦中含有燕麦蛋白、燕麦肽、β-葡聚糖和燕麦油等成分，具有抗氧化功效，还有增加肌肤活性、延缓肌肤衰老、美白保湿、减少皱纹色斑以及抗过敏等功效。美国、日本、韩国、加拿大、法国等国家称燕麦为“家庭医生”“植物黄金”和“天然美容师”。考古专家发现，古代埃及后妃们有用燕麦水洗浴的习惯。也有用燕麦米煮粥的汤汁直接敷在脸上,或者浸泡压缩面膜后敷脸。

除此之外,燕麦还在造纸、药品、纺织、塑料、滑石粉和工业能源等领域也有一定作用,不过所占市场份额不大。

第二章　燕麦优良品种

我国燕麦育种始于20世纪50年代，因燕麦是杂粮小宗作物，且产区主要分布在高纬度、高海拔地区，属于干旱、半干旱气候条件，因为基础研究条件差、科研人员缺乏等因素影响，导致最初燕麦研究单位较少，全国开展燕麦研究的单位仅20余家，研究人员100多人，形成了以河北省农林科学院张家口分院、山西省农业科学院高寒作物研究所和内蒙古农业科学院为代表燕麦研究中心。近年来，随着国家对农业科研投入的持续增加，燕麦作为地方特色农作物之一，在科研资金支持、人才培养、政策支撑和物质保障等方面受到了国家重视，有效地促进了燕麦产业的发展，形成了百花齐放的新格局。中国农业科学研究院作物科学研究所、吉林省白城市农业科学院以及甘肃、青海等的有关单位利用当地燕麦品种资源，开展杂交选育，育成燕麦新品种近百个，并在生产上大力推广应用，为燕麦产业的发展做出了突出的贡献。

第一节 当前燕麦主推品种简介

一、农家品种与国外引进品种

1. 张北大莜麦

‘张北大莜麦’由原察北专署农场，河北省张北农业试验站，即现在的张家口市农业科学院从当时收集的各地农家品种中，经对比筛选培育的莜麦品种，是河北省张家口市20世纪50—60年代的主栽品种，幼苗匍匐，苗色黄绿，株高90～110 cm，茎较软，易倒伏。生育期100 d左右，属晚熟品种。周散型穗，串铃形，颖壳为褐色，穗铃数10～15个，穗粒数20～30粒，粒色黄褐色，纺锤形，千粒重16.2 g，籽实粗蛋白质含量15.57%，粗脂肪含量5.11%。感燕麦坚黑穗病，耐黄矮病，适宜在旱坡薄地上种植。

2. 丰宁大滩

‘丰宁大滩’由原张家口坝上农业科学研究所、承德市丰宁县坝上农业科学研究所、河北省沽源县种子公司用丰宁县大滩镇农家种提纯后选育而成。该品种是河北省坝上地区20世纪60年代主栽品种之一，1985年通过河北省张家口市农作物品种审定小组审定。该品种幼苗匍匐，苗色淡绿，株高90～100 cm。生育期105 d，属晚熟品种。周散型穗，长串铃，颖壳黄白色，穗铃数10～15个，穗粒数20～40粒。籽粒椭圆形，白黄色，较小，千粒重13.49 g。籽实含粗蛋白质13.8%，粗脂肪 5.12%。茎秆细软，易倒伏，感燕麦坚黑穗病，耐黄矮病，该品种一般栽培亩产量 50～60 kg，最高产量 85 kg，比‘张北大莜’麦增产 10%左右。适宜一般的旱坡薄地种植。

3. 华北 2 号

‘华北 2 号’由河北省农林科学院张家口分院用从苏联引入的‘维尔 1998’中选育而成。20 世纪 70 年代中期作为冀、晋、蒙地区的滩地推广品种，年种植面积达到 300 余万亩。该品种幼苗半直立，黄绿色，株高 100 cm 左右，最高可达 140 cm。生育期 95 d 左右，属中熟品种。周散型穗，长串铃，铃鞭炮状，颖壳白黄色，穗铃数 20 个左右，粒数 40～50 粒；长粒，粒色黄，千粒重 20～23 g，籽实含粗蛋白质 15.27%，粗脂肪 7.58%。一般栽培亩产量在 100 kg 左右，最高亩产量可达 200 kg。较抗倒伏，耐黄矮病，轻感燕麦坚黑穗病，适宜在中等肥力的滩川地种植。

二、河北省育成品种

1. 坝莜 1 号

由张家口市农业科学院于 1987 年以‘冀张莜 4 号’为母本、品系‘8061-14-1’为父本，采用有性杂交系谱法培育而成，该品种幼苗半直立，苗色深绿色，生长势强，生育期 86～95 d，属中熟型品种。株型紧凑，叶片宽大而上举，株高为 80～123 cm。周散型穗、短串铃，内颖为白色，花梢率低，结实率高，穗部经济性状好，主穗小穗数 20.7 个，穗粒数 57.5 粒，穗粒重 1.45 g，千粒重 24～25 g。籽粒长型，深黄色，含余率 0.1%。籽实粗蛋白质含量15.65%，脂肪含量5.53%，总纤维含量9.80%，β-葡聚糖含量4.63%～5.92%。该品种茎秆坚韧，抗倒、抗旱、耐瘠性强，分蘖力强，成穗率高，群体结构好，经多年多点试验、示范，一般旱地种植籽实产量为亩产150 kg；轻感黄矮病和坚黑穗病，落黄好，适应性广，丰产稳产。适宜在河北坝上肥沃平地、坡地、二阴滩地种植，也可以在内蒙古、山西、甘肃等同类型区种植。

2. 坝莜8号

由张家口市农业科学院、中国农业科学院作物科学研究所于1997年用裸燕麦高代品系'品2号'为母本，'8711-40-3'为父本，采用裸燕麦品种间有性杂交系谱法培育而成。幼苗半直立，苗绿色，生长势强，生育期92.8 d，属中熟型品种。株型较紧凑，株高86.0～106.6 cm，最高达130.0 cm；周散型穗，短串铃，内颖为白色，主穗小穗数24.1个，穗粒数55.9粒，穗粒重1.53 g，千粒重22.9 g；蛋白质含量14.51%，脂肪含量5.71%，β-葡聚糖含量5.42%。籽粒卵圆形、浅黄色，生长整齐，口紧不落粒，群体结构好，成穗率高，平均亩产194.05 kg。具有抗旱性强、高产稳产和适应性广的特性，其缺点是抗倒伏性和抗黑穗病差。

3. 坝莜18号

由河北省高寒作物研究所以优质、抗病、抗倒裸燕麦'坝莜9号'为母本，以抗旱、丰产性状优良的野燕麦与裸燕麦种间远缘杂交后代'9641-4'为父本，采用裸燕麦品种间有性杂交系谱法培育而成。该品种幼苗直立，深绿色，生长势强，生育期105 d左右,属晚熟品种。株型紧凑,叶片上举,株高120 cm左右,最高可达135 cm。周散型穗,短串铃,内颖为黄色;穗部经济性状好,主穗小穗数39个左右,穗粒数82粒左右,穗粒重2.2 g左右,千粒重28 g左右。籽实粗蛋白质含量15.17%,粗脂肪9.89%,粗淀粉58.26%,β-葡聚糖含量5.31%。籽粒整齐、卵圆形,粒色金黄,带壳率1.5%,群体结构优良,该品种一般亩产171.43~437.71 kg。免疫坚黑穗病,高抗燕麦红叶病和锈病;耐旱性,避旱性强,耐瘠薄;抗倒伏性强,适合水地生长,成熟一致,落黄好。

4. 张莜13

由河北省农林科学院张家口分院燕麦研发中心,采用核不育育种法培育的品种。从应用核不育"*ZY*基因"创建的"抗旱丰产目标基因种群库"中入选单穗,又经多次单穗选,进入品系测产、品系鉴定、品种比较,参加了国家及省、市级区试,生产示范,表现优良,有很强的抗旱耐瘠性。该品种幼苗半直立,苗色绿;株高120~150 cm,平均可达135.5 cm;侧散穗、短串铃,穗铃数30个左右,穗铃数50~60粒,穗粒重1.49 g;长粒、千粒重27.8 g左右,属大粒型品种。籽实含粗蛋白质17.82%,粗脂肪7.18%。生育期100 d左右,属晚熟品种。该品种一般亩产162.0~341.1 kg,平均亩产可达227.4 kg,比同类品种'坝莜3号'增产10%~15%,比'品16号'增产20%以上。抗旱耐瘠性强、抗倒伏、适应性广。经适口性鉴定做传统食品口感好,柔软劲道。

5. 坝莜9号

由张家口市农业科学院采用皮燕麦、裸燕麦种间复合杂交与花粉管道导入外源DNA法相结合培育而成。于1994年以'9034-10-1(皮燕麦永73-1×578)'为母本、'906-38-2(小46-5×皮燕麦永118)'为父本进行杂交,1998年用其杂交后代株系'9413-25-1'为受体,经花粉管通道导入耐旱基因,从其后代中选出品系'986D-141-1'。该品种幼苗直立,苗色深绿色,生长势强,生育期80～85 d。株型紧凑,叶片上冲,株高85～120 cm;周散型穗,短串铃,主穗小穗数29.5个,穗粒数60.6个,穗粒重1.8 g,千粒重25.1 g;籽粒整齐,粒色浅黄,粒形椭圆,籽实粗蛋白质含量15.8%,粗脂肪含量7.5%,β-葡聚糖含量6.0%。抗旱、抗病(黄矮病、秆锈病、黑穗病)、抗倒性强,一般生产中亩产量在150 kg以上,增产潜力大,是一个优质加工型的裸燕麦品种。适宜在旱坡地、旱平地、阴滩地种植。

6. 坝燕4号(皮燕麦)

河北省高寒作物研究所从中国农业科学院作物科学研究所引进的加拿大品系'ACMORkAN'中单株系选,后经株行试验、品系鉴定、区域试验和生产试验培育而成,系谱号为2003-N7-4。2013年通过全国小宗粮豆品种鉴定委员会鉴定,定名为'坝燕4号'。该品种幼苗半直立,株型中等,株高105.9 cm;生育期95 d左右,属中熟品种;叶绿色,叶片下披,旗叶挺直,锐角,叶鞘无茸毛;茎秆直立、呈绿色,茎节数6节,抽穗后有蜡质,茎粗3.5～4.5 mm;籽粒纺锤形,浅黄色;周散型穗,主穗小穗数35.3个,穗粒数77.1粒,穗粒重2.6 g,千粒重36.0 g;籽实粗蛋白质含量9.32%,粗脂肪含量4.98%,碳水化合物含量57.97%,水分含量8.23%(备注:以上为皮燕麦带壳结果)。生长整齐,生长势强,抗倒抗病,抗旱耐瘠。在旱坡地和沙质土壤条件下一般每亩产量 100～170 kg，在肥坡地和旱滩地条件下每亩产量 170～200 kg，在阴滩地和水浇地条件下每亩产量 200 kg 以上。全国皮燕麦区域试验表明，该品种适宜在河北坝上，新疆奇台，内蒙古武川、克什克腾，青海西宁，吉林白城，以及其他同类型区土壤肥力中上等的旱坡地、旱滩地种植。

三、内蒙古自治区育成品种

1. 草莜 1 号

由内蒙古农牧业科学院采用普通栽培燕麦（*A. sativa*）与大粒裸燕麦（*A. nuda*）种间杂交培育而成。母本为'578'，父本为'赫波 1 号'，系谱号为 8474-1-1-2。2002 年通过内蒙古自治区农作物品种审定委员会审定，定名为'草莜 1 号'。该品种生育期 95～100 d。株型紧凑，株高 120～150 cm。周散型穗，长 25 cm 左右，茎秆坚韧，抗倒伏性强，茎叶茂盛，产草量高。籽粒椭圆形，颖壳为黄色，铃数 26.8 个、串铃形。铃粒数 2～3 粒，穗粒数 49 粒，穗粒重 0.9～1.2 g，千粒重 20.0～24.0 g。籽实粗蛋白质含量 15.7%，脂肪含量 6.1%。茎叶比 0.7∶1，干鲜比 0.18∶1。青干草粗蛋白质含量 8.56%，脂肪含量 2.78%，总糖含量 1.09%，粗纤维含量 25.25%。耐黄矮病，较抗坚黑穗病，抗旱耐瘠性强，口紧不落粒，落黄好。该品种一般栽培每亩产量 106.6～155.8 kg。春播每亩产鲜草 3 500～4 000 kg，夏播及小麦收获后复种，每亩产鲜草 2 000～3 000 kg。全国区试表现强，适合在华北及西北地区中等肥力的地区种植。春播可解决 6 月底 7 月初缺乏鲜草的问题。

2. 燕科 2 号

由内蒙古农牧业科学院采用普通栽培燕麦(*A. sativa*)与大粒裸燕麦(*A. nuda*)种间杂交培育而成。母本为'926',父本为'IOD526',系谱号为 833-1-1,2012 年通过内蒙古自治区农作物品种审定委员会审定,定名为'燕科 2 号'。该品种生育期 90～100 d。株型紧凑,叶片上举,株高 90～95 cm。茎秆坚,抗性强,茎叶茂盛,产草量高。籽粒卵圆形,浅黄色,周散型穗,穗长 25 cm 左右,穗铃数 26.8 个,串铃形。穗粒数 40～60 粒,最高达 67 粒,铃粒数 2～3 粒,穗粒重 1.0～1.6 g,千粒重 23～24.5 g。籽实粗蛋白质含量 14.68%,脂肪含量 7.20%。该品种一般栽培每亩产量 150～260.5 kg,耐黄矮病,较抗燕麦坚黑穗病,抗旱耐瘠性强,口紧不落粒,落黄好,适宜在华北及西北地区中等肥力以上土地种植。

3. 蒙农大燕 1 号

由内蒙古农业大学燕麦产业研究中心从加拿大引进品种'VAO-6'中,经过系统选育方法培育而成。2011 年通过内蒙古自治区农作物品种审定委员会认定,定名为'蒙农大燕 1 号'。裸燕麦,春性,幼苗直立。生育期 92 d 左右,属中熟品种。分蘖力强,株型紧凑,籽粒长卵圆形,黄色。株高平均为 103 cm。侧散型穗,长串铃,穗长 23.76 cm;长芒,颖壳为黄色,主穗小穗数为 30.6 个,穗粒数 43.6 粒,穗粒重 2.3 g,千粒重 32.5 g。籽实粗蛋白质含量 17.44%,赖氨酸含量 3.25%,脂肪含量 5.65%,β-葡聚糖含量 8.3%。植株根系发达,茎秆粗壮,抗旱、抗倒伏及耐盐性强。籽实产量平均每亩 322.8 kg,鲜草产量每亩 1 736.1 kg。适宜在沙土，壤土、沙壤土、黑钙土，且≥10 ℃有效积温 1 800 ℃以上的地区种植，内蒙古及其毗邻省份均可种植。

4. 蒙农大燕 2 号

由内蒙古农业大学燕麦研究中心，从加拿大引进品种‘VAO-2’中，经过系统选育方法培育而成。2011 年通过内蒙古自治区农作物品种审定委员会认定，定名为‘蒙农大燕 2 号’。裸燕麦，幼苗直立，叶色深绿。生育期 85 d 左右，为中熟品种。分蘖力强，株型紧凑，株高平均 98.4 cm。茎秆较粗，抗倒伏性强，侧散型穗、穗长 22.7 cm，主穗小穗数 22.0 个，穗粒数 30.2 粒，穗粒重 1.7 g，千粒重 25.7 g，籽粒呈椭圆形，浅黄色。β-葡聚糖含量 6.5%，粗蛋白质含量 17.7%，赖氨酸含量 2.5%，脂肪含量 5.8%。籽实产量平均每亩 304.6 kg，鲜草亩产 1 720.10 kg。植株根系发达，抗旱及耐盐性强，发育前期耐低温能力强。生长季内田间观察未发现病虫为害症状。适宜在沙土、壤土、沙壤土、黑钙土，且≥10 ℃有效积温 1 800 ℃以上的地区种植，内蒙古及其毗邻省份均可种植。

5. 内燕 1 号

由内蒙古自治区乌兰察布市农牧业科学研究院(原乌兰察布盟农业科学研究所)采用皮、裸燕麦种间杂交，经 5 代选育而成。母本为‘华北 2 号’，父本为‘永 380(milford)’。1974 年开始杂交选育，1987 年通过内蒙古自治区农作物品种审定委员会审定，定名为‘内燕 1 号’。该品种茎秆粗壮，水地株高为 110～120 cm；旱滩地株高为 90 cm 左右；旱坡地株高为 70 cm 左右。

穗型紧凑，周散型穗，穗长12.6～17.4 cm、成穗率83.49%～85.9%，串铃形。主穗结实数：水地65～80粒；旱地、旱坡地分别为33粒和29粒。籽粒纺锤形，黄白色，单株粒重29 g左右，千粒重20～23.5 g。生育期84～90 d，属中熟品种。该品种一般水地每亩产量149.8 kg、旱滩地每亩产量109 kg、旱坡地每亩产量62.8 kg。前期生长发育较慢，后期成熟快，耐水肥，抗倒伏，适应性强，对红叶病有一定抗性，感染秆锈病，口紧不落粒。

6. 蒙饲燕1号

内蒙古农业大学于1987年以‘永492’为母本，皮燕麦‘歇里·努瓦尔’为父本，采用种间杂交选育而成的新品种，2017年经第二届内蒙古自治区草品种审定委员会审定登记育成品种备案，品种登记编号：N074。该品种幼苗半直立，叶片为深绿色，植株蜡质层较厚；植株较高，一般在120～160 cm，平均为143.7 cm；周散型穗，松散下垂，穗长24.8 cm，短串铃，穗铃长4.3 cm，穗铃数24个，穗粒数56个，穗粒重1.44 g；籽粒纺锤形，大粒，千粒重27.7 g，最高可达30.0 g左右。抽穗期干草粗蛋白质含量8.99%，磷0.232%，钙0.3805%，灰分7.01%，干物质93.22%，粗脂肪5.21%，粗纤维27.99%，中性洗涤纤维(NDF)49.90%，酸性洗涤纤维(ADF)30.46%。生育期在100 d左右，属晚熟品种；鲜草亩产量达2 277.84 kg，干草亩产量达到783.35 kg，种子亩产量178.35 kg。抗旱耐瘠薄，耐黄矮病，适宜在一般旱滩地及坡梁地种植。

7. 乌莜1号

‘乌莜1号’是由乌兰察布市农林科学研究所以‘冀张莜1

号'(裸燕麦)为母本和'永 118'(皮燕麦)为父本进行种间杂交选育而成的粮饲兼用型燕麦新品种。该品种幼苗直立,植株高大,全株绿色,生长势强,生育期 103 d 左右,属中晚熟型品种。株高 1.37 m 左右,叶片宽大,长披针形,叶脉绿色,周散穗型,松散下垂,穗长 19.53 cm;穗粒数 75.60 个,穗粒重 2.05 g,小穗数 37.87 个;千粒重 26.50 g;平均分蘖数 2.37 个(有效分蘖 1.21 个)。作为饲草在抽穗期鲜草产量可达 52 726.35 kg/hm^2,干草产量达到 14 907.45 kg/hm^2,种子产量 3 701.85 kg/hm^2。该品种茎叶多汁、柔嫩,草质好;营养价值高,抽穗期晾制干草时粗蛋白质含量 13.70%,磷 0.23%,钙 0.60%,灰分 10.03%,干物质 91.62%,粗脂肪 3.00%,中性洗涤纤维(NDF)55.85%,酸性洗涤纤维(ADF)37.50%。具有出苗快,根系强大,抗旱耐瘠薄能力强,抗倒伏能力强的特点,在沙土、壤土、沙壤土、黑钙土上均能良好生长,适应性广。

8. 蒙燕 1 号(皮燕麦)

内蒙古农牧业科学院采用普通栽培燕麦(*A. sativa*)与大粒裸燕麦(*A. nuda*)种间杂交培育而成。母本为'永 492',父本为'80-13',系谱号为 8707。2010 年通过全国农作物品种审定委员会审定,并命名为'蒙燕 1 号'。该品种生育期 85~95 d。株型紧凑,株高 90~100 cm。茎秆坚韧,抗倒伏性强,茎叶茂盛,产草量高。周散型穗,穗长 16.3~21.2 cm,颖壳为黄色,穗铃数 26.8 个,穗粒数 25.9~55.0 粒,铃粒数 2~3 粒,籽粒椭圆形,穗粒重 1.5~2.58 g,千粒重 33~35 g。籽实粗蛋白质含量 14.46%,粗脂肪含量 4.95%,粗淀粉含量 53.42%。

耐黄矮病，较抗燕麦坚黑穗病，抗旱耐瘠性强，口紧不落粒，落黄好。旱滩地亩产量平均 200～273 kg；旱坡地亩产量平均 80～100.5 kg。适宜在华北及西北地区中等肥力的土壤上种植。

9. 乌燕 3 号(皮燕麦)

‘乌燕 3 号’是由乌兰察布市农林科学研究所以‘冀张莜 1 号’(裸燕麦)为母本，以‘歇里·努瓦尔’(皮燕麦)为父本进行种间杂交选育而成的中熟饲草专用型皮燕麦新品种。该品种生育期 95 d 左右，属中熟型品种。幼苗半直立，苗浅绿色，株型紧凑，株高 90～120 cm。周散型穗、燕尾铃，穗长 18.57 cm，穗粒数 65.30 个，粒重为 2.08 g，千粒重 30.68 g，籽粒纺锤形，浅黄色。茎秆柔软、叶量丰富、适口性好，抽穗期晾制干草时粗蛋白质含量 11.00%，磷 0.24%，钙 0.66%，灰分 7.84%，干物质 90.66%，粗脂肪 2.30%，中性洗涤纤维(NDF) 61.65%，酸性洗涤纤维(ADF) 41.30%。该品种在抽穗期刈割鲜草产量达 42 825 kg/hm^2，干草产量达到 9 516.67 kg/hm^2，种子产量 4 500.03 kg/hm^2。该品种具有耐瘠薄、抗旱抗倒伏性强，中抗黑穗病、抗红叶病和锈病。

10. 蒙燕 3 号(皮燕麦)

‘蒙燕 3 号’是内蒙古农牧业科学院以‘5-1-1/3660’杂交选育而成的。该品种生育日数 96 d，植株直立，株高 103.3 cm。幼苗直立，浓绿色。叶色深绿，旗叶上举，周散型穗，穗长 16.8 cm，颖壳黄色，穗铃数 25.9 个，穗粒数 60.8 粒，穗粒重 2.2 g。粒形纺锤形，粒色浅黄，千粒重 36.7 g。抗旱性、抗倒性、抗病性较强。2015 年经农业部农产品质量监督检验测试中心(杨凌)检测,粗蛋白质含量9.59%,脂肪含量5.32%,碳水化合物含量59.76%,水分含量8.76%。2009—2011年参加第二轮国家裸燕麦品种区域试验,平均单产4 188.6 kg/hm²,比对照青引一号增产16.1%,居参试品种第3位。2013年参加国家皮燕麦生产试验,平均产量3 736.5 kg/hm²,较对照增产29.20%。在内蒙古武川、甘肃合作、青海西宁等试点表现都较好。

四、山西省育成品种

1. 晋燕1号

'晋燕1号'于1965年山西省农业科学院高寒区作物研究以'华北2号'为母本,'华北1号'为父本杂交培育而成,原编号661-1。1972年定名为'晋燕1号'。该品种生育期104 d左右,属晚熟品种。幼苗匍匐,分蘖力强,抗旱、耐瘠薄。叶片长大后呈深绿色,内颖褐色,千粒重24 g,主穗粒数68.9粒,穗粒重1.44 g。每亩产量132.5~216.5 kg,适宜阴湿山区种植。

2. 晋燕8号

'晋燕8号'是1974年山西省农业科学院高寒区作物研究所以裸燕麦'292'作母本,皮燕麦'赫波'作父本,采用皮燕麦、裸燕麦种间杂交技术,经过多年连续单株选育而成,原编号'50-1'。1990年通过山西省农作物品种审定委员会审定,命名为'晋燕8号'。该品种生育期85~90 d。幼苗浅绿色、半匍匐,叶片较窄,分蘖力适中,株高90 cm左右。周散型穗,长 17 cm，平均小穗数 21.7 个，穗粒数 54.8 粒，千粒重 252 g。籽粒纺锤形、白色、粒大、有光泽。籽实含粗蛋白质 18.81%，含脂肪 5.75%。该品种前期生长缓慢，后期生长快，抗旱性强，较抗红叶病。每亩产量 130.2 kg，适宜在夏、秋燕麦区的旱地及中等肥力水浇地种植。

3. 晋燕 14 号

1999 年山西省农业科学院高寒区作物研究所以皮燕麦、裸燕麦杂交高代‘7801-2’作母本、‘74050-50’作父本杂交而成，原编号 XZ04148。2011 年通过山西省农作物品种审定委员会审定，定名为‘晋燕 14 号’。该品种生育期：秋莜麦区 90 d 左右，夏莜麦区 85 d 左右。幼苗为半匍匐、深绿色，分蘖适中，前期生长缓慢，有抗干热风特点。株型紧凑，株高 96 cm。周散型穗，长 17 cm，有效分蘖 1.9 个，主穗小穗数 31 个，穗粒数 62 粒，千粒重 20.4 g。β-葡聚糖含量 5.68%。平均每亩产量 164.8 kg。

五、吉林省育成品种

1. 白燕 2 号

由吉林省白城市农业科学院从加拿大引进高代材料，采用系谱法选育而成。2003 年 1 月通过吉林省农作物品种审定委员会审定；该品种春性，幼苗直立，深绿色，分蘖力较强，株高 99.5 cm，早熟品种，生育期 81 d 左右，可以进行下茬复种；穗长 19.0 cm，侧散型穗，小穗串铃形，颖壳黄色，主穗小穗数 10.5 个，主穗数 39.3 个，主穗粒重 1.11 g，活秆成熟，籽粒纺锤形，浅黄色，表面光洁，千粒重 30.0 g，容重 706.0 g/L；籽粒蛋白质含量为 16.58%，脂肪含量为 5.61%；灌浆期全株蛋白质含量 12.11%，粗纤维含量 27.40%；收获后秸秆粗蛋白质含量 5.12%，粗纤维含量 34.95%。经张家口市农业科学院田间鉴定和白城市植保站田间鉴定，未见病害发生，根系发达，抗旱性强，粮草饲兼用。2001 年区域试验平均每亩产量 153.6 kg；2002 年区域试验平均每亩产量 167.1 kg；2002 年生产试验平均每亩产量 164.9 kg。抗黑穗病、叶锈病，根系发达，抗旱性强。适于吉林省西部地区中等以上肥力的土地种植。

2. 白燕 7 号

由吉林省白城市农业科学院从加拿大引进高代材料 Dormoa（编号：Dormoa-2），经系谱法选育而成。1999 年 7 月对引入的休眠燕麦 Dormoa 进行温室加代，其中编号为 Dormoa-2 的单株综合表现较好，2000 年春季进行穗行选择，此穗整齐一致，田间长势较好，于当年 9 月进行南繁加代，2001 年进入产量试验，2002 年进行示范试验。该品种春性，幼苗直立，深绿色，株高 126.80 cm，穗长 17.50 cm。侧散型穗，颖壳黄色，主穗小穗数 22.30 个，主穗粒数 37.90 个，主穗粒重 0.90 g，籽粒带壳，浅黄色，表面有茸毛，籽粒千粒重 23.70 g；容重 352.2 g/L 籽实粗蛋白质含量 13.70%，脂肪含量 4.64%，收获后秸秆粗蛋白质含量 5.18%，粗纤维含量 35.01%；复种收获灌浆期全株蛋白质含量 12.23%，粗纤维含量 28.55%，该品种根系发达，抗旱性强，生育期 80 d 左右。2001 年播种面积 48.60 m^2，实收燕麦 8.30 kg，折合产量为 1 707.8 kg/hm^2；

收获秸秆15.20 kg，折合产草量为3 100 kg/hm^2；复种收获饲草1 300 kg/hm^2。2002年播种面积81 m^2，实收燕麦15.40 kg，折合产量为1 901.20 kg/hm^2；收获秸秆28.60 kg，折合产草量为3 500 kg/hm^2；复种收获饲草1 700 kg/hm^2。

3. 白燕8号

由吉林省白城市农业科学院从加拿大引进的高代材料（引进编号：9044）经系谱法选育而成。2008年通过吉林省农作物品种审定委员会审定；2011年通过内蒙古自治区农作物品种审定委员会认定。该品种春性，出苗到成熟74 d左右。籽粒长卵圆形、黄色，千粒重20.87 g，株高104 cm左右。侧散型穗，长芒，颖壳黄色，穗长19 cm左右，小穗着生密度适中，小穗数37个，穗粒数81粒，穗粒重1.47 g。粗脂肪含量8.57%，粗淀粉含量58.64%。2004年参加品比试验，每亩产量158.8 kg；2005年参加产量鉴定试验，亩产量169.5 kg；2006年进行生产试验，亩产量157.2 kg。适于吉林省西部地区退化耕地或草原种植。

4. 白燕11号

由吉林省白城市农业科学院从加拿大引进的高代材料（引进编号：V9），经系谱法选育而成。2010年通过吉林省农作物品种审定委员会审定。该品种春性，出苗至成熟83 d左右。籽实长卵圆形，黄色，千粒重25.57 g，幼苗直立，叶片鲜绿色、中等大小，株高95.8 cm。侧散型穗，颖壳黄色，穗长18.3 cm，小穗着生密度适中，小穗数31个；穗粒数60粒，穗粒重1.35 g。粗蛋白质含量16.48%，粗脂肪含量8.29%，粗淀粉含量43.49%。2007年进行产量鉴定试验,每亩产量146 kg;2008年进行产量比较试验,每亩产量254 kg;2009年进行生产试验,每亩产量230 kg,比对照品种'白燕2号'增产7.8%。适于吉林省西部地区中等以上肥力的土地种植。

六、甘肃省育成品种

1. 定莜1号

定西市农业科学研究院(原定西市旱农中心)用大粒裸燕麦种间杂交培育而成。母本为'当955',父本为'小46-5',系谱号为79-16-22。1996年通过甘肃省农作物品种审定委员会认证登记,定名为'定莜1号'。该品种幼苗直立,绿色,圆锥花序,株高80～115 cm,周散型穗,穗长18.59～21.9 cm,小穗数16.9～36.5个,穗粒数35.6～75.7粒,穗粒重0.74～1.64 g,千粒重15.6～24.3 g,容重638～657 g/L,籽粒长筒形,籽粒含粗蛋白质18.38%,赖氨酸0.75%,粗脂肪8.58%,亚油酸39.52%(占不饱和脂肪酸)。每亩平均产量126.10 kg,抗倒伏,抗旱性较强,个别年份有轻微的坚黑穗病、红叶病,秋季较抗,春季表现感病。

2. 定莜9号

定西市农业科学研究院(原定西市旱农中心)于1992年以大莜麦为母本、'7633-112-1'为父本组配杂交,经系谱法多代选育而成的高产、耐旱、抗病、适宜加工的高蛋白莜麦新品种,原代号为9227-3。2014年1月通过甘肃省农作物品种审定委员会审定,定名为'定莜9号'。该品种株高106～135 cm,

穗长 23～27 cm，叶型上举，无芒，生育期 102～107 d，籽粒椭圆形，淡黄色，粗蛋白质含量为 211.7 g/kg，粗脂肪含量为 65.8 g/kg，粗灰分含量为 21.1 g/kg，赖氨酸含量为 7.09 g/kg，亚油酸含量为 45.01%（占不饱和脂肪酸）。平均亩产量 149.00 kg，抗旱性强，无坚黑穗病，黄矮病较轻。

第二节 燕麦新品种的推广利用

燕麦优良品种是在一定的栽培条件及自然环境中经人工选择培育而成的，每个品种都有一定的适应范围，在特定产区高产、优质的品种，引种到其他生态条件下，就不一定高产，也就是说，良种是有条件的，不是绝对的。因此，选用适宜本区域生态条件的燕麦优良品种，合理搭配，搞好布局，即良种配良法才能有效提高燕麦单产，增加效益。

一、良种应用的原则

1. 根据当地不同生态类型的特点选用品种

首先应考虑当地的气候条件与品种对气候的生态适应性相一致，如适合在秋燕麦区种植的品种与适合在夏燕麦区种植的品种在品种特性上是不同的。同时要考虑当地自然灾害性气候的特点，如干旱严重的地区要选用抗旱性强的品种。

2. 根据栽培条件及产量水平选用品种

水地与旱地是两种截然不同的栽培条件，一般不能盲目地把水地品种引到旱地种植，因为水地品种要求高水肥、矮秆，通常是不能适应干旱条件的。在水地产区还要考虑土壤肥力的高低，水源充足的高肥地区为高产区，适合耐肥、耐水的矮秆、半矮秆、抗倒的大穗型品种；水肥条件中等或较差的地区，宜选用中高秆、多穗型品种；贫瘠旱地应选用抗逆、耐瘠、适应性强的品种。

3. 品种的合理布局与搭配

品种布局是指在一个地区，应根据耕作制度、生产水平、自然灾害特点，选择配置品种。品种搭配是指所配置的品种，根据其生长发育特性、产量结构特点，各品种具体应种植的面积、比例，以及考虑到播种时期、收获时期的技术和条件的配置。在研究确定搭配品种时要注意以下几点：

(1)要选用能抵抗当地主要自然灾害或病虫害的品种进行搭配，以保证灾年也能稳产。

(2)要根据本地的地势、肥力水平、播期早晚，选用相应的品种组合，以便充分发挥土地和品种的增产潜力。

(3)要选用成熟期不同的品种进行搭配种植，以利于缓解农忙季节人力和物力紧张的矛盾。在同一个地区，由于地形、土质、茬口、土壤肥力、栽培水平等条件的不同，一般大面积生产应以种植 2～3 个品种为宜；若气候、土质复杂的，要选种 3～4 个品种。这样，既可以避免品种单一化带来的意外损失，又可避免品种多、杂、乱，有利于充分发挥良种的增产作用。

4. 良种良法配套

优良品种培育成功，仅仅提供了高产的可能，真正挖掘品种的增产潜力还需要在推广应用中不断地研究，揭示其遗传特性与环境条件的关系，以便采取相应的措施，满足良种所需的条件，才能把品种的增产潜力变为现实生产力。

(1)根据品种分蘖特性进行合理密植。不同燕麦品种的分蘖特性、成穗规律不同，达到一定产量所需的穗数也不同。分蘖力强、分蘖成穗率高的品种，要适当稀植；分蘖力弱、成穗率低的品种，要适当密植。此外，叶片大、株型松散的大穗大粒型品种，可适当稀植；叶片小而窄挺、株型紧凑、穗型较小的品种，则可适当密植。

(2)根据品种生育期掌握适时播种。生育期长的品种，可以适当早播，以充分满足品种的发育要求，促进营养生长，以利于夺取高产。发育快、幼穗分化早的品种，要适当晚播。

(3)因地种植。根据品种需肥需水特性，确定种植的地力水平，即因地种植，发挥地力与品种的互作效应。

(4)科学管理。根据品种的生长发育特性采取科学管理，茎秆矮壮的可提早加大用肥用水；反之，茎秆高的品种，就要适当控制水肥，防止茎节徒长，造成倒伏。

5. 良种的使用应保持相对的稳定

近年来，不少农民对良种良法配套的概念缺乏认识，把一切增产和减产的原因都归之于品种，于是年年换种，但产量年年都上不去。一个优良品种的选育要经过多年的小区比较、大区实验、生产示范等评选步骤，才能确定它在某地区适合与否，一旦肯定，就应保持相对稳定，只需在实践中不断地认识和掌握它的生育特性，采用合理的栽培管理措施，良种良法配套，使品种持续地发挥其增产潜力。良种使用越久，说明该品种种性越好，而栽培水平越高，累计经济效益就越高。

二、乌兰察布主推品种推广情况

莜麦(裸燕麦)在乌兰察布有着非常悠久的种植历史。20世纪50年代乌兰察布种植的燕麦品种主要以农家自留地方品种为主,如三分三、李家场、丰宁大滩等品种,这些地方品种亩产量一般在50～60 kg,产量较低,但抗旱耐瘠性强,是优良的燕麦种质资源。

从20世纪60年代中期开始,山西、内蒙古以及河北等科研单位从苏联、加拿大、欧美等国家引进国外种质资源,相继选育出了'坝选3号'、'永492'、'华北2号'等品种,在乌兰察布市进行了大面积的推广,这些品种株型、叶相好,亩产量一般在100 kg左右,比当地主栽品种增产10%～15%。然而,这些品种依然存在茎秆细、不抗倒伏、产量欠佳等不足。

20世纪70年代,由山西省选育出的'晋738-64-2'以及河北省选育出的'冀张莜2号',适宜在高水肥的栽培条件下,其亩产量可到200～250 kg;适宜在旱滩地或者水滩地栽培的有山西省选育出的'晋燕7号',乌兰察布市农林科学研究所选育出的'内燕4号',河北省选育出的'冀张莜3号'等品种,其亩产量平均在100～150 kg,以及适宜旱坡地种植的'晋燕8号'、'晋燕5号'、'冀张莜5号'、'内莜1号'、'内莜2号'、'蒙燕7312'以及'蒙燕7413'等品种,都在乌兰察布市有过栽培种植。

近年来,由河北省培育出的高产、优质品种'坝莜1号'、'坝莜8号'以及'冀张莜13号'等,在乌兰察布市都有一定的推广种植面积。尤其是'坝莜1号'在乌兰察布市广泛种植,是该市种植面积最大的燕麦品种。由内蒙古农业科学院选育成的'草莜1号'、'燕科1号'和'蒙燕1号',以及内蒙古农业大学选育出的粮饲兼用型'蒙饲燕1号'在自治区广泛推广,较一般当地主栽品种增产15%左右。吉林省白城市农业科学院选育出的'白燕2号'等系列品种,也在当地大面积推广,成为目前种植面积较大的主栽品种,甘肃省育成的'定莜9号'等定莜系列也有一定面积的种植。

第三章　燕麦栽培技术

第一节　燕麦生产管理

一、选茬和整地

(一)选茬

一般以小麦、马铃薯、玉米、油菜茬最适宜种植莜麦，并实施3～4年轮作制。例如：小麦—玉米—莜麦，小麦—马铃薯—莜麦—胡麻，小麦—莜麦—胡麻，油菜—莜麦—小麦，轮作倒茬不仅可以均衡利用土壤养分，还可以减少病、虫、草害的发生。乌兰察布市马铃薯播种面积每年稳定在400多万亩，为了更好地进行轮作倒茬，特别是在马铃薯生产面临较大市场压力的形势下，燕麦是不可或缺的轮作作物，而且是当地的首选作物。目前，乌兰察布市已探索建立了“马铃薯与燕麦”相互轮作的倒茬制度，对减轻土传病害发生率、修复土壤微生态环境、丰富土壤微生物多样性具有重要作用。

(二)整地

在上茬作物收割后，应该立即进行早秋耕、深秋耕、耕深达 20 cm 以上。翻后及时耙耱，达到地平土碎、减少土壤水分蒸发的目的；乌兰察布地区风沙大，可以留茬过冬，减少风蚀，保持墒情。

有灌溉条件的地区，要在立冬前后进行灌溉，一般以秋灌最宜，可提高土壤的持水量。如未能秋灌，应进行春季灌溉。春季灌溉宜早不宜晚，一般在土壤解冻时即可进行，灌溉过晚会影响播种时期。

二、播种

（一）种子处理

1. 品种选择

根据市场需求来选择适宜本区域自然条件种植的生育期适中、高产、优质、抗逆性强的品种，而且是经国家或各省（市、自治区）品种审定委员会审（认）定的裸燕麦品种，如'燕科1号'、'燕科2号'、'蒙农大1号'、'蒙农大2号'、'内燕1号'、'内燕2号'、'花早2号'、'坝莜1号'、'白燕2号'及'坝莜8号'等当地主推品种。这些品种综合性状好，生育期为 90～100 d，产量稳定在 150～250 kg，适宜乌兰察布地区坡梁地种植。水肥条件好的地块以耐密和半耐密型品种为主，如'草莜1号'、'燕科1号'、'白燕2号'、'白燕8号'、'科燕1号'、'坝被5号'、'内农大燕1号'、'花早2号'等品种。

2. 种子处理

(1)去杂　去除土块、石子及瘪粒、小粒、病粒、破粒，选用新鲜、成熟度整齐、饱满的籽粒作为种子。去杂方法有风选、筛选、机选、盐水选、粒选等，一般用风选和筛选即可达到去杂标准。

(2)种子检验　去杂后播种前 15 d 进行种子检验，主要检验种子的纯度、净度以及发芽率。应符合标准：所选良种纯度≥96%、净度≥98%、发芽率>85%、水分≤13%。

(3)晒种　播种前 3～5 d 选无风晴天把燕麦种子摊开，厚 3～5 cm，在干燥向阳处晒 2～3 d，以达到杀菌、提高发芽率的目的。

(4)拌种　晒种后选择无公害生产允许使用的药剂，如多菌灵、甲基托布津，以燕麦种子量 0.3%的药量拌种，起到杀菌防病的作用，尤其对燕麦坚黑穗病有防治效果。

若进行有机燕麦生产，则禁止使用任何化学物质或有机农业生产中禁用物质处理的种子。

(二)播种时期

燕麦最适于生长在气候凉爽、水分充足的地区。种子发芽的最低温度为 3～4 ℃，幼苗能耐－4～－2 ℃的低温，成株遇－4～－3 ℃低温仍能缓慢生长，－6℃则受害。燕麦生长期最适宜的温度为 20 ℃左右，不耐高温，超过 35 ℃即受害。

在土壤含水量达 10%以上、地温在 5 ℃以上时即可播种，播期根据气候、土壤条件及种植目的等确定。燕麦的播种期对产量的影响很大，播期过早燕麦需水关键期与降水量高峰期不吻合而大幅度减产；播期过晚，影响成熟度，降低产量。因此，只有选择适宜的播期才能有效地利用自然条件中的有利因素而获得比较理想的产量结果。如乌兰察布前山地区一般在 5 月中旬至下旬播种；后山地区一般在 5 月上旬至中旬播种。若以收获饲草为目的，播种时间可以灵活掌握，一般可采用倒推的方法确定，从燕麦播种到孕穗期，约需 2 个月的时间，因为孕穗期营养价值较高，是刈割的较佳时期。

（三）播种方法

燕麦种植，除山地、坡地小面积或不适宜机械作业的地块外，一般均采用机械播种，可选用燕麦精量播种机、宽幅燕麦条播机。不同型号的播种机只是在行数上有区别，可根据地块大小等情况进行选择。

1. 种植密度

燕麦的种植密度可根据土壤肥力、水分条件确定。旱地裸燕麦一般每亩播量为 8～10 kg，即每亩 40 万～45 万粒，基本苗 27 万～33 万株；皮燕麦每亩播量在 12 kg 左右，饲草用燕麦可适当增加播量到 16 kg。不同水分、肥力条件下燕麦播量不同，在瘠薄旱地每亩播量 6～7 kg，一般旱地每亩播量应在 7～8 kg，中等肥力旱地每亩播量 9～10 kg，在肥力较高的水浇地每亩播量应在 10～12 kg。燕麦在种植过程中，行距一般采用 25 cm 左右，为了方便在燕麦生育期进行田间作业，增加产量，可以增加到 30 cm，也可以选择 20/40 cm 宽窄行的行距。

2. 播种深度

燕麦种植中，使用种肥分层播种机播种，播种深度为 3～5 cm。土壤含水量高时，要浅播，为 3 cm，土壤含水量较低，要深播，应为 5 cm。要求播种时种子均匀，不漏播，不断垄，深浅一致，播种后必须镇压以利于出苗。

三、田间管理

俗话说“有收无收在于种，多收少收在于管”，只有加强田间栽培管理，才能达到苗壮、秆粗、穗大的高产稳产目的。燕麦的田间管理，主要分为施肥、灌溉、杂草防除以及病虫害防治等4个方面。

(一)施肥

在农业生产中，有机肥与无机肥配合施用，可以使土壤具有良好的理化性质，促进作物生长健壮。燕麦根系发达，对养分的需求量较少。在有机燕麦生产中，农家肥原则上来源于本生态圈内的厩肥、绿肥、秸秆等堆腐而成的经无害化处理的有机肥，以便施足底肥，不断提高土壤肥力的同时，使燕麦达到高产、优质。

1. 基肥

燕麦是耐贫瘠、低产作物，一般不注重有机基肥的施用。目前，生产上主要以绿肥及其他堆肥和厩肥等有机肥为主，燕麦在种植过程中，基肥的施用一般以农家肥为主，根据土壤肥力确定施肥量，以优质农家肥(如羊粪)2 000～3 000 kg/亩为宜。

2. 种肥

是指在播种或移栽时，将肥料施于种子附近或与种子混播供给作物生长初期所需的养料。目前的生产而言，燕麦播种时种肥随种施入。在乌兰察布地区，如果有机肥做基肥，一般每亩种肥施用纯氮和磷(P_2O)分别为4 kg和1.5 kg，氮、磷比约为 3∶1;如果未施基肥,一般每亩施用氮(N)、磷(P_2O)、钾(K_2O)分别为 4 kg、1.5～3 kg、5 kg。在有机燕麦的生产中,不允许施用化肥,要施用有机肥做种肥,每亩施用优质农家肥 800～1 000 kg。

3. 追肥

分蘖期或拔节期,是燕麦需肥的关键时期,此时基肥和种肥已不能满足燕麦生长发育所需要的养分,因此需要追肥。追肥原则为前促后控,结合灌溉或降雨前施用。若在基肥和种肥均施足或土壤质地为壤土或黏壤土时的情况下可不追肥,因为肥水条件较好,追肥易造成燕麦倒伏;土壤质地为保水保肥性差的沙壤土时,在乌兰察布市燕麦主产区每亩追施氮(N)和钾(K_2O)分别为 4 kg 和 5 kg;有机燕麦的生产不允许追施无机肥。

(二)灌溉

燕麦是耐旱性较强的作物,在有灌溉条件的地区,通过适时补充水分,可实现燕麦超高产。燕麦灌溉主要分为三个阶段,即苗期、拔节期至抽穗期和开花期至灌浆期。

(1)在燕麦苗期 3～4 叶时,进行第 1 次灌水。这一时期正是燕麦开始分蘖、小穗分化的时期,此时水对燕麦产量影响较大。

(2)在燕麦拔节期至抽穗期,进行第 2 次灌水。这一时期是燕麦营养生长和生殖生长并重的时期,是需水肥关键期和水肥最大效率期,灌水可达到穗大、穗多、粒重的目的,进而实现燕麦丰产。

(3)在燕麦开花期至灌浆期，进行第3次灌水，这一时期正处于高温时期，及时灌水，既可满足燕麦因高温对水分的迫切需要，又可创造良好的田间小气候，起到降温的作用。如果此期缺水，会严重影响燕麦籽粒的饱满程度，导致产量和品质下降。

(三)杂草防除

燕麦田的杂草种类繁多，阔叶杂草种类较多，禾本科杂草发生非常严重。乌兰察布地区燕麦田杂草共11科、20属、24种，主要杂草有藜、地肤、猪毛菜、狗尾草、苦菜、狗舌草等。轮作倒茬是有效防治田间杂草的一个重要途径，在燕麦生产中进行杂草防除时，一般采用中耕除草和化学防除。

1. 中耕除草

在燕麦4～5叶期进行第1次中耕除草，这一时期应浅锄、早锄。此期锄草不仅能松土，提高地温，减少水分蒸发，防旱保墒，而且能促进燕麦根系发育，早扎根、快扎根，形成发达的根系。尤其在二阴滩地和下湿盐碱地，中耕除草有提温通风、防止盐碱上升发生锈苗的作用。

在燕麦拔节期，根据燕麦长势，进行深耕(3～5 cm)，此期中耕可消除田间杂草，同时可起到提高地温、减少土壤水分蒸发、促进壮秆以防倒伏等作用。

在抽穗初期至灌浆期，人工拔除田间野荞麦、野燕麦和其他杂草。

2. 化学防除

燕麦对除草剂反应较其他禾谷类作物敏感，使用不当会造成产量下降,直接影响种植效益,因此一定要慎用。

在有机燕麦生产过程中,严禁使用化学除草剂防除杂草。

(四)病虫害防治

近年来,随着燕麦种植年限的增加和种植面积的扩大,燕麦生产病虫害有加重的趋势。目前的主要病害有坚黑穗病、锈病和红叶病。虫害与其他禾谷类作物相同,有黏虫、蚜虫、蓟马、金针虫、蛴螬等。

1. 防治原则

燕麦病虫害防治应坚持“预防为主,综合防治”的植保方针,首先应选用抗病良种;其次是实行轮作;最后是药剂防治。以农业防治为基础,积极提倡生物防治;按照病虫害发生的规律,选用高效、低残留的化学农药进行防治。同时提倡药剂的交替使用和合理混用,防止产生耐药性。

在有机燕麦生产过程中,严禁使用任何化学药剂防治病虫害。

2. 防治对象

(1)病害防治

①锈病　燕麦锈病是由专性寄生菌引起的,先在叶片的背面发病,出现圆形暗红色小点,后扩大到整个叶片,最后穿透叶肉,导致组织坏死。在防治上可采用播前拌种,及时中耕除草,消除寄生寄主;发病时,可用多菌灵、甲基托布津等 500 倍液喷雾防治。

②黑穗病　黑穗病也称乌霉,是目前燕麦生产中主要的病害之一,造成燕麦严重减产,品质下降。黑穗病病原是附着

在种子表面的厚垣孢子，随着种子的萌发进而侵染燕麦植株。在防治上可在播种前用多菌灵或甲基托布津等可湿性农药闷种，起到预防效果；发病初期可用多菌灵、甲基托布津等500倍液喷雾防治。

③红叶病　燕麦红叶病是由蚜虫传播的一种病毒性病害。发病初期，幼苗叶片中部自叶尖变成紫红色，之后沿着叶脉发展，最终叶片呈红色，植株早衰，枯死。红叶病是由蚜虫传播引起的，因此，在防治上要和蚜虫的防治相结合，可采用播前拌种，及时中耕除草消除寄生寄主；发病时，可用多菌灵、甲基托布津等500倍液喷雾防治。

(2)虫害防治

①黏虫　黏虫是燕麦生产中主要的害虫之一，尤以幼虫为害最为严重，主要取食燕麦叶片。黏虫一般潜伏在秸草堆、土块下或是草丛间，昼伏夜出取食和产卵，在防治上要注意早防，以防治3龄前幼虫为宜，每亩可用50%辛硫磷乳油、80%敌敌畏乳油兑水50 kg或20%灭幼脲3号悬浮剂或25%氰·辛乳油20～30 mL或4.5%高效氯氰菊酯50 mL兑水30 kg均匀喷雾；成虫可用谷草把或糖醋毒液诱杀。

②蚜虫　蚜虫是燕麦红叶病病毒的携带者，其危害较大，因此，在燕麦生产过程中要注意观察蚜虫的发生情况。在乌兰察布市燕麦产区，蚜虫一般在5月中旬到6月中旬发生。防治可用3%啶虫脒乳油，每亩用量15～20 mL；也可用25%溴氰菊酯乳油，每亩用量30 mL；10%吡虫啉可湿性粉剂15～20 g/亩。

四、收获

燕麦穗部成熟表现为“自上而下、由外到内、由基部向顶部”的顺序，因此，当燕麦穗子由绿色变为黄色，中、上部籽粒变硬，表现出籽粒正常的大小和色泽，进入蜡熟期时即可收获。乌兰察布地区一般在9月下旬可以收获。收获时可用小麦联合收割机直接脱粒，也可用小型割晒机收获。

燕麦脱粒后要及时晾晒，避免因晾晒不及时而造成发霉变质。一般燕麦种子晾晒到含水量在13%以下，方可将种子装袋入库储藏。燕麦籽粒营养丰富，极易遭鼠害和虫害，因此在贮藏过程中一定要注意防范。

第二节　北方燕麦“一早三改”栽培技术

21世纪初，我国北方地区水土流失，生态环境恶化，而北方燕麦产区多属于干旱、半干旱类型区，温带大陆性季风气候，植被少，生态脆弱，年均降水量少；冬季严寒而漫长，春季干旱风大，大风日数多，级别高，容易形成沙尘暴。秋翻后的土壤风蚀较严重，最严重时在处于风口的地块可刮出犁底层。在河北省张家口坝上流传着“坝上一场风，从春刮到秋，秋天刮出山药蛋，春天刮出犁底层”的农谚，足可见当时坝上的生态环境恶劣。在此背景下，河北省农林科学院张家口分院经过多年研究发现不秋翻比秋翻风蚀轻，晚播避开3—5月的大风日，进入雨季播种，既可早出苗，也可防止风蚀，提出了以“一早三改”为核心技术的免秋耕晚播蓄沙固土保墒耕作新技术，即“选用早熟、超早熟品种，改秋耕为播前耕翻，改早播为晚播，改稀植为密植”。该技术具有很好的蓄沙固土、蓄水保墒、灭草节劳、增产增效的效果。

一、核心技术

1. 一早技术

选用早熟与超早熟品种。调节播期使莜麦的需水期吻合当地雨季，从而得到丰产，但需要注意能够正常成熟，因此，晚播必须选用早熟与超早熟品种，目前应用的早熟和超早熟品种有‘花早 2 号’、‘冀张莜 11’、‘冀张莜 12’、‘坝莜 6 号’、‘白燕 2 号’，以及中早熟品种‘坝莜 1 号’等。

2. 三改技术

(1)改秋耕为播前耕翻　秋翻容易形成活土层，土壤易跑墒风蚀，基于此原因，改秋翻地为播前整地，形成以翻耕、耙耱、播种、镇压为一体的机械播种技术。

(2)改早播为晚播　一般北方地区传统播种期在 5 月中旬，为了避开 5 月大风干旱期，改为晚播。一般根据选择的品种、土壤肥力状况和管理水平来确定播期，一般阴滩地、高水肥管理和冷凉区在 6 月 10 日左右；旱坡地、肥力较差、管理水平较差的在 6 月 15 日左右播种。

(3)改稀植为密植　燕麦是长日照，喜冷凉作物，晚播会使雨热同期相遇，燕麦分蘖减少，基本是一苗一穗，主要靠主穗夺取丰产。因此，必须增大播种量，提高亩苗数，以大群体、大密度来获得高产。其播种量一般每亩掌握在 30 万～35 万株为宜。

3. 其他管理技术

(1)小垄密植技术　适宜的晚耕晚播可以灭掉部分杂草，采用小垄密植的播种方法后，可不再进行中耕锄草，一般燕麦行距在 30 cm，而小垄行距掌握在 15～20 cm。

(2)底肥和种肥　若有足够的农家肥，可作为基肥施入；若农家肥较少可作为种肥随种施入；在无农家肥的情况下，可结合每亩 5～7 kg 的磷酸二铵作为种肥施入。

(3)种子处理　使用拌种双、甲基托布津拌种，防治燕麦坚黑穗病。

(4)其他管理　同传统耕作方法。

二、适用范围与效益

经过多年试验示范表明，该技术适宜在华北冀晋蒙三地的秋莜麦区，以及同一生态类型区的北方燕麦产区应用。在西北燕麦产区，根据当地降雨量和雨季的不同，适当调整播期，也可采用该项技术。

该技术的应用，一般可增产 15%～20%，增产明显，经济效益高；年蓄沙固土 34.27 m^3/亩，提高土壤含水量 2%～5%，减缓了沙尘暴，生态效益显著；灭草效果达 70%～90%，灭草效果好，节省了中耕锄草的费用和劳动强度，每亩节省开支 100 元，提高了经济效益。

第三节　燕麦地膜覆盖栽培技术

1978年地膜覆盖技术开始应用于农业生产，因其能够增加土壤保温、保墒、抑制杂草生长、减少病虫害和增加产量等优势，逐渐成为一项旱作雨养区高效栽培技术。该技术主要利用垄面产流、沟内汇流，并依靠增温、抑蒸保墒等生理生态效应提高作物水分利用效率，在降雨时空分布不均，并与作物关键生育期严重错位，且阶段性干旱频发的旱作区是一项重要的抗旱措施。目前，在玉米、小麦、马铃薯等大田作物及其他经济作物中广泛应用，增产效果明显，增产幅度达30%～60%，具有较高的经济效益。燕麦地膜覆盖栽培技术在乌兰察布地区应用较少，甘肃省定西市农业科学院刘彦明研究员课题组在多年抗旱技术研究的基础上制定出了“裸燕麦全膜覆土穴播技术规程”和“旱地裸燕麦膜侧沟播技术规程”，具体规程介绍如下。

一、裸燕麦全膜覆土穴播技术规程

1. 范围

本规程规定了旱地裸燕麦全膜覆土穴播栽培技术。适用于年降水量300～500 mm的半干旱、半湿润偏(易)旱区。

2. 术语和定义

下列术语和定义仅适用于本规程。

(1)全膜覆盖　采用厚0.008～0.010 mm、幅宽120 cm

的抗老化耐候地膜全地面覆盖。

(2)膜上覆土 在地膜上均匀覆细绵土,厚 1.0 cm。

(3)穴播 播种深度 2～3 cm,行距 15～20 cm,穴距 12 cm,每穴播种 5～6 粒。

3. 栽培技术

本条款没有详细说明的栽培措施仍按常规农艺措施实施。

(1)地块选择 选择土层深厚、土质疏松、土壤肥沃、坡度 15°以下的川地、塬地、梯田、沟坝等平整土地。

(2)深耕蓄墒 前茬收获后伏秋深耕,即及时深耕灭茬、深翻晒土,以利于保墒,耕深 25～30 cm,雨季过后适时耙耱。覆膜前采用旋耕机浅耕,耕深达 18～20 cm,然后平整地表,做到上虚下实无根茬,地面平整无坷垃。马铃薯茬口地最好是先深耕再用旋耕机旋耕,开春解冻前镇压破碎土块。

(3)施肥 一次覆膜连续多茬种植时,前茬要重施有机肥、施足化肥。一般结合整地施入优质腐熟农家肥 22.5～45.0 t/hm^2、N 75～120 kg/hm^2、P_2O_5 56～92 kg/hm^2、K_2O 45～60 kg/hm^2。

(4)土壤处理 地下害虫为害严重的地块,覆膜前用 50% 辛硫磷乳油 7.5 kg/hm^2 喷拌细沙土 750 kg 制成毒土撒施后浅耕。

(5)覆膜覆土 覆膜与膜上覆土一次性完成,覆膜时间依据土壤墒情而定。墒情好时可提前覆膜,墒情差时则应等雨抢墒覆膜适时播种。土壤湿度过大时,应翻耕晾晒 2～3 d 再耙松整平覆膜,以避免播种时播种孔(鸭嘴)堵塞。覆膜后要防止人畜践踏，以延长地膜使用寿命，提高保墒效果。

①人工覆膜覆土　全地面平铺地膜，不开沟压膜，下一幅膜与前一幅膜要紧靠对接，膜与膜之间不留空隙、不重叠。膜上覆土厚度 1 cm 左右，以基本上看不见地膜为宜。覆膜用土必须是细绵土，不能将土块或土疙瘩覆在膜上，以免影响播种质量，膜上覆土要均匀，薄厚一致，覆土不留空白。

②机械覆膜覆土　机械覆膜覆土一体机以小四轮拖拉机做牵引动力，实行旋耕、镇压、覆膜、覆土一体化作业，具有作业速度快、覆土均匀、覆膜平整、镇压提墒、苗床平实、减轻劳动强度等优点，每台每天可完成 2.7 hm^2 作业量，作业效率较人工提高 20 倍以上。

(6)品种选择　选用秆矮、抗旱、抗病、抗倒伏、丰产性好的裸燕麦品种，如'定莜 8 号'、'定莜 9 号'、'坝莜 8 号'、'白燕 2 号'等。

(7)播种

①播种机调试　穴播机有人力和机械播种机两种，人力穴播机有单行和双行两种，机械播种机有 3 行、4 行两种。播前应由技术人员指导调试好下籽量和播种深度。

②适期播种　4 月上中旬土壤解冻、平均气温稳定通过 5 ℃ 、5 cm 土层地温达到 5～9 ℃时为播种适期。采用双行穴播机播种，以两幅膜为 1 个作业带，先从一幅地膜一侧同一方向播种，再从另一幅膜向返回方向播种，同一幅膜只能同一方向播种。同一幅膜先播两边，由外向里播种，既可控制地膜不移动、利于出苗，又便于控制每幅行数。播种深度 2～3 cm，行距 15～20 cm，穴距 12 cm，每穴 5～6 粒。播种量 120～150 kg/hm^2，

保苗450万～525万株/hm^2。

(8)田间管理　出苗期及时放苗，保证苗齐苗全。拔节期遇自然降水及时追施尿素75～150 kg/hm^2。病虫害防治、收获等田间管理技术同裸燕麦栽培技术，不再赘述。

(9)留膜免耕　裸燕麦收获后应保护好地膜，休闲期人工或化学除草。留膜免耕二茬，以种植马铃薯、玉米、豌豆等作物为宜。

二、旱地裸燕麦膜侧沟播技术规程

1. 范围

本规程规定了旱地裸燕麦膜侧沟播栽培技术，适用于年降水量300～500 mm的半干旱、半湿润偏(易)旱区。

2. 术语和定义

下列术语和定义仅适用于本规程。

(1)膜侧沟播　采用厚0.008～0.010 mm、幅宽80 cm的抗老化耐候地膜垄上覆膜，垄沟种植。

(2)起垄方式　按垄宽60 cm，沟宽50 cm，垄高10～20 cm起成脊背形的垄，然后覆膜，两边压土，每隔2～3 m在垄上压土腰带，防止大风揭膜，垄起好后整平垄沟准备播种。

(3)播种　采用畜力3行播种机在垄沟内播种，每沟3行，行距15 cm，播种深度6～7 cm。

3. 栽培技术

本条款没有详细说明的栽培措施仍按常规农艺措施实施。

(1)地块选择　选择土层深厚、土质疏松、土壤肥沃、坡度15°以下的川地、塬地、梯田、沟坝等平整土地。倒茬地为豌豆、小麦、马铃薯,忌连作。

(2)土壤处理　地下害虫为害严重的地块,覆膜前用50%辛硫磷乳油7.5 kg/hm^{2}喷拌细沙土750 kg制成毒土撒施后浅耕。

(3)整地施肥起垄覆膜

①春覆膜　开春解冻前镇压破碎土块,采用旋耕机浅耕18～20 cm,然后平整地表,做到上虚下实无根茬,地面平整无坷垃。结合整地施入优质腐熟农家肥22.5～45.0 t/hm^2、N 75～120 kg/hm^2、P_2O_5 56～92 kg/hm^2、K_2O 45～60 kg/hm^2。起垄后在垄上覆膜。

②秋覆膜　前茬作物收获后伏秋深耕,及时深耕灭茬、深翻晒土,耕深25～30 cm,雨季过后适时耙耱。秋施底肥,起垄覆膜,施肥量及具体操作方法同上。翌年春天播种。

(4)品种选择　选用矮秆、抗旱、抗病、抗倒伏、丰产性好的裸燕麦品种,如'定莜8号'、'定莜9号'、'坝莜8号'、'白燕2号'等。

(5)适期播种　4月上中旬,土壤解冻平均气温稳定通过5 ℃,5 cm土层地温达到5～9 ℃时为播种适期。采用畜力3行播种机在垄沟内播种。播种量120～150 kg/hm^2,保苗450万～525万株/hm^2。

(6)田间管理　拔节期遇自然降水及时追施尿素75～150 kg/hm^2。病虫害防治、收获等田间管理技术同裸燕麦栽培技术,不再赘述。

第四节 饲草燕麦栽培技术

燕麦不仅是重要的粮食作物，更是家畜优良的饲料作物，燕麦茎叶繁茂、秸秆多汁柔嫩，适口性好，是理想的青饲料。据研究，裸燕麦秸秆中含粗蛋白质 5.2%、粗脂肪 2.2%、无氮浸出物 44.6%，均比谷草、麦草、玉米秆高；难以消化的纤维 28.2%，比小麦秸秆、玉米秸秆低 4.9%～16.4%。

燕麦饲草产量高、品质好、耐旱和耐贫瘠的特点越来越受到养殖户的重视，随着国家“草牧业”“粮改饲”“引草入田”等政策的实施，国内燕麦草需求量的增加，使燕麦草生产区域和种植面积不断扩大；同时，燕麦草播种、收割、晾晒以及打捆等一系列配套机械设施也将逐步完善，从而推动了燕麦草产业化发展。

乌兰察布地区气候冷凉，干旱少雨，土壤贫瘠，地处农牧交错带和农牧镶嵌区，是内蒙古自治区重要的畜牧业生产基地，燕麦是该地区重要的粮饲作物，加大饲草燕麦的种植面积有利于轮作倒茬，充分发挥燕麦特性，使该地区饲草产量提高，品质提升，做到可持续发展；同时，燕麦刈割饲草品质优良，饲喂效果好，可提高肉、蛋、奶的品质，对本地区农牧业的发展具有重要的意义。

一、整地

整地包括秋季与春季翻耕，燕麦是须根系作物，主要分布在 20～30 cm 的耕作层，秋季要进行深翻（超过 30 cm），深翻后及时耙耱碎土，整平待播。春季翻地宜浅耕，耕后一定耙耱保墒。有灌溉条件的地区，春季应在播前 10 d 进行春灌，耙耱平整后即可播种。

二、选种及种子处理

要选出饱满粒大且成熟度一致的种子。选种后播前要进行晒种，杀死部分附着在种子表皮的病菌，提高种子的发芽率和发芽势。晒种后选用多菌灵或甲基托布津以种子量的 0.3%药量拌种后进行播种。

三、播种

1. 播种期

根据当地自然条件、燕麦品种以及土壤墒情来确定，北方地区一般从 4 月上旬至 6 月初，早熟品种可以最晚推迟至 6 月下旬，另外，播种时期要结合当地降水情况，与之同步，提高产量。晚熟品种的适宜播期为 5 月 15—20 日；中熟品种的适宜播期为 5 月 25 日左右；早熟品种的适宜播期为 5 月底至 6 月初。

2. 播种量

饲草燕麦的播种量要比籽粒用燕麦高 30%～50%。一般旱地裸燕麦每亩 8～10 kg，皮燕麦每亩播量为 12 kg 左右。

3. 播种方法

采用机械条播，行距为 15～20 cm，深度以 3～5 cm 为宜，防止重播、漏播，下种要深浅一致，播种均匀，播后镇压使土壤和种子密切接触，防止漏风闪芽。

四、田间管理

（1）施肥　如有条件，可用有机肥做基肥施入，每亩1 000～1 500 kg，或每亩5～6 kg复合肥作为底肥；播种时每亩施用磷酸二铵3～5 kg，搭配尿素1～2 kg作为种肥。在燕麦分蘖期或拔节期结合灌溉或降雨，每亩追施尿素5～8 kg。

（2）灌溉　在有灌溉条件的地区，燕麦拔节期及孕穗期浇水1～2次。

（3）除草　在燕麦苗前期、分蘖期要进行除草，可选用低毒、高效的除草剂。

（4）病虫害防治　同籽粒用燕麦病虫害防治技术。

第五节　有机燕麦栽培技术

我国的有机燕麦生产始于2003年。上海欧德麦食品有限公司、张家口冀北圣麦生物科技有限公司、河北省张家口市坝下农业科学研究所（现河北省农林科学院张家口分院）、国家环保总局（现为环境保护部）有机食品发展中心、南京环球有机食品研究咨询中心等单位联合提出了“冀北百万亩有机燕麦开发产业化工程”发展战略，并于200—2005年在河北省张北县的大河乡、沽源县的小河子乡、康保县的屯垦乡和塞北管理区创建了5块裸燕麦有机基地，并按照瑞士IMO（生态市场研究所）的有机食品认证要求，累计认证了5.55万hm^2的有机裸燕麦生产基地，开创了我国有机燕麦生产的先河，为以后的大面积有机生产打下了基础。同时，张家口市坝下农业科学研究所杨才研究员、大连新海有机农产品贸易有限公司王学群等起草制定了国内有机燕麦首个标准《裸燕麦（莜麦）有机栽培技术规程》，2006 年列为河北省地方标准。

一、基地建设

1. 生产基地环境条件

选择生态环境良好，周围无环境污染源，符合有机农业生产条件的地块。首选通过有机认证及有机认证转换期的地块；次之选择经过 3 年以上（包括 3 年）休闲后允许复耕的地块，或经批准的新开荒地块。

以栗钙土、草甸土类壤土为好。选择土壤肥沃、有机质含量高、保肥蓄水能力强、通透性好、pH 6.5～7.5 的地块。有机农业生产田与未实施有机管理的土地（包括传统农业生产田）之间必须设宽不小于 80 m 的缓冲带。

2. 播前整地

整地应该做到深耕蓄墒和耙耱保墒。乌兰察布地区一般早秋深耕，耕深 20～25 cm。通过整地使土地平坦、上虚下实，田间无大土块和暗坷垃，无较大的残株、残茬，达到播种状态。

3. 轮作倒茬

种植有机裸燕麦必须轮作倒茬，忌连茬，做到不重茬、迎茬，主要应采用以下轮作模式：豆类→裸燕麦→胡麻；牧草（包括玉米）→裸燕麦→胡麻；马铃薯→裸燕麦→春小麦或者采用其他轮作模式。

二、播种

1. 选种及种子处理

有机农业生产所使用的农作物种子原则上来源于有机农业体系。在有机农业初始阶段，有足够的证据证明当地没有所需的有机农作物种子时，可以使用未经有机农业生产禁用物质处理的传统农业生产的种子。禁止使用转基因的品种。选用适合当地特点、抗逆性强的优良品种，如'白燕 2 号'、'花早 2 号'、'坝莜 1 号'等。

确定种子后要对种子进行处理，首先进行选种，剔除病粒、瘪粒、破碎粒，经过筛选后的种子符合标准。在播前进行晒种，选择晴朗无风天摊晒 3～4 d，厚度 3～5 cm，达到杀菌、提高发芽率的目的。禁止使用化学物质或有机农业禁用物质处理种子。

2. 播种

在乌兰察布地区，旱坡地的播种时间一般在 5 月 30 日前后，平滩地 5 月 20 日前后。如选用早熟品种，播种时期可推迟到 6 月 10 日前。每亩保苗数在 25 万～30 万株。播种量按照需要苗数、发芽率和种子的千粒重计算，一般旱地每亩播量 7.5～10 kg；二阴滩地和坝头冷凉区亩播量 12.5 kg 左右。要求撒籽均匀，不漏播、不断垄；播种深度以 4～6 cm 为宜，播后及时镇压。

三、田间管理

1. 中耕除草

燕麦从出苗到拔节初期要根据土壤墒情中耕1～2次，以锄去杂草、破除板结、减少水分蒸发。第1次中耕要早，一般为2～3叶期，早中耕，做到浅锄不埋苗，有利于防旱保墒，促根壮苗。燕麦苗期生长迅速，耗水量大，加之苗期所处气候干燥、土壤干旱，杂草与燕麦争夺水分、养分。因此，中耕除草要掌握"除早、除小、除净"的原则，将杂草消灭在萌动初期。第2次中耕一般在4～5叶期，中耕要深，有利于扎根，提高植株的抗旱力。在整个生长过程中禁止使用化学除草剂或基因工程产品除草。

2. 灌溉浇水

有灌水条件的地方，如遇春旱，于燕麦3叶期至分蘖期灌溉1次，灌浆期灌水1次。灌溉水应符合GB 5084《农田灌溉水质标准》。

3. 病虫害防治

有机农业生产强调发挥生态系统内的自然调节机制，只能使用遗传、生物、微生物、轮作、耕作、物理和天敌等防治作物的病虫害。

(1)防治蚜虫　①适时晚播，躲过5月底、6月初南方迁飞过来的蚜虫发生高峰期，便可以有效地减轻燕麦的红叶病。②限制使用5%鱼藤酮乳油200倍液喷雾。③每亩使用经过有机认证的0.65%茼蒿素水剂200 mL，兑水60～80 kg喷雾。④取垂柳鲜叶适量捣烂,加水 3 倍,浸 1 d 或煮 0.5 h,过滤后喷施滤出的汁液。⑤取新鲜韭菜 1 kg,加少量水后捣烂,榨取菜汁液。每千克原汁液兑水 6～8 kg 喷雾。⑥取洋葱皮与水按 1∶2 比例浸泡 24 h,过滤后取汁稍加水稀释喷洒。

(2)防治燕麦坚黑穗病　选用抗病品种可以有效地防治燕麦坚黑穗病,或者采用无病留种田的方法防治燕麦坚黑穗病。

(3)注意事项　在病虫害的防治过程中禁止使用化学杀菌剂、化学杀虫剂或基因工程产品防治病虫害。

四、收获

由于燕麦圆锥花序开花顺序的差异,致使全穗籽粒成熟过程很不一致。就一个穗子而言,自上而下成熟;同一小穗(铃)上,基部第一朵花先成熟。成熟过程中,穗部颜色颇不一致,这个成熟过程又叫花铃期,花铃期过后,当裸燕麦麦穗由绿变黄,上中部籽粒变硬,表现出籽粒正常的大小和色泽时进行收获。

第四章　燕麦种子生产

第一节　燕麦种子生产概况

一、作物种子生产发展沿革

“国以农为本，农以种为先。”种子生产是前承育种、后接推广的重要环节，没有种子生产，育成的新品种就不可能在生产上大面积推广应用。种子生产要求所生产的种子遗传特性稳定，产量潜力不降低，活力得以保证，并且繁殖系数高。它与一般的作物生产不同，因此种子生产需要在特定的环境、特殊的生产条件下，由专业技术人员或在专业技术人员的指导下进行。种子生产定义为：依据植物的生殖生物学特性和繁殖方式，按照科学的技术方法，生产出符合数量和质量要求的种子。它包括从良种繁育开始，经过种子加工、检验、包装等环节直到生产出符合质量标准，能满足消费者需求的质量好、数量多、成本低的商品种子。

党和政府非常重视种子事业，我国种子生产取得了很大的成绩。种子生产的发展经历了“家家种田、户户留种”“四自一辅”“四化一供”和目前的种子产业化阶段。种子产业化是以国内外市场为导向,以经济效益为中心,围绕区域性主导作物的种子生产,优化组合各种生产要素,实行区域化布局、专业化生产、一体化经营、社会化服务、企业化管理,实现种子育、繁、推、销一体化。

二、燕麦种子生产

燕麦属于自花授粉作物,自然异交率很低。在种子生产上使用纯系品种,纯系品种的种子生产比较简单,用育种家的种子扩繁1～3代即可得到原种,也可采用单株选择、分系比较、混系繁殖的方法生产更新原种,原种经1～3代扩繁即可得到良种。在种子生产中,保持品种纯度的措施分别是防止各种形式的机械混杂;田间去杂;防止生物学混杂。

种子的质量对燕麦的产量和品质均起着重要的作用,所以搞好燕麦种子的生产显得更为重要。为了防止混杂和退化,原种生产一般采用"一年生产,多年贮藏,分年使用"的方法,通过减少繁殖世代,防止混杂和退化,从而很好地保持品种的种性和纯度,延长品种利用年限。在保证作物品种优良的前提下,采用科学的管理措施可以提高种子质量,延缓品种退化速度。

三、燕麦种子生产存在的基本问题

燕麦属小宗特色作物,目前,燕麦种子生产除品种育成单位进行小规模生产外,没有大型种子企业进行种子生产,种子生产还没有完全产业化,品种的"育、繁、推"脱节。在燕麦的主要种植区,大部分还属于自留自用,品种混杂和退化严重,是造成燕麦产量低的主要原因之一。

引起品种混杂退化的原因是多方面的，而且比较复杂。归纳起来，主要有以下几个方面。

（一）机械混杂

在种子生产、加工及流通等环节中，由于条件限制或人为疏忽，导致异品种或异种种子混入的现象称为机械混杂。机械混杂是种子生产中普遍存在的现象，在种子处理、播种、收获、脱粒、加工、包装、贮藏及运输等环节中都可能发生。机械混杂不仅直接影响种子的纯度，同时增加了生物学混杂的机会。因此，机械混杂是品种混杂的主要原因。

（二）生物学混杂

在种子生产过程中，由于隔离条件差或去杂、去劣不及时而造成的混杂称为生物学混杂。燕麦是自花授粉作物，虽然自花授粉作物自然异交率非常低，但由于自然异交率受不同品种、不同环境等因素的影响较大，所以生物学混杂时有发生。

（三）品种自身的性状分离和基因突变

新品种在审（认）定推广时，可以看成一个纯系，但纯是相对的，特别是那些由微效多基因控制的性状不可能完全纯合。因此在种子生产过程中，这些不纯合的基因必然会继续分离，使后代个体性状上的差异逐渐增多而引起品种退化。

一个新品种在推广后，在各种自然条件的影响下，可能发生各种不同的基因突变，虽然概率很低，但是广泛存在，如果这些变异在自然选择中留存下来，在种子生产中又没有被及时发现和去除，就会通过自身繁殖以生物学混杂的方式使品种混杂退化。

(四)不正确的选择

在种子生产过程中,通过正确的选择可以保持和提高品种的纯度。而不正确的选择会事与愿违,会加速品种的混杂退化。

第二节　燕麦种子繁育技术

一、良种繁殖

燕麦是自花授粉作物,属于常规品种。种子一般分为育种家种子(原原种)、原种、良种三级。原种是指用育种家种子繁殖的1～3代种子,或按原种生产技术规程生产达到原种质量标准的种子;良种是用原种繁殖的1～3代种子,用于大田生产。

品种经审(认)定通过以后,根据品种的区域适应性,在相应区域内由育种单位或育种家提供育种家种子繁殖原种,再有组织、有计划地交由种子生产基地或种子生产专业户生产良种,供生产应用。良种繁殖的任务就是生产优良品种的优质种子和提高种子的纯度,为生产服务。

二、提纯复壮

根据生产中使用品种的退化、混杂程度,选择三年三圃制、二年二圃制、一圃制进行原种生产的方法即为提纯复壮。三年三圃制,即选择单株或穗,经过穗行圃或株系圃后混系繁殖原种;二年二圃制,即选择单株或穗,经过株(穗)行圃后混收繁殖原种;一圃制,即单粒点播、分株鉴定、整株去杂、混合收获。

(一)三年三圃制

1. 单株(穗)选择

应选择纯度较高的良种田进行单株选择，最好是在原种一、二代进行。为了便于选择，选择圃种植群体要大，播种宜稀，并采用优良的栽培技术，以利于植株性状充分表达。选择植株健壮、丰产性好、抗病性强、生育期适当、籽粒饱满的典型植株(穗)分别收获、编号、考种，决选后的单株(穗)分别贮藏，供下年进行株(穗)行鉴定。

2. 株(穗)行鉴定

将上年入选的单株(穗)稀植于株(穗)行圃，或单粒点播，每株(穗)种一行或数行。根据株(穗)行的典型性和整齐度存优汰劣，入选株(穗)行严格去杂去劣、混合收获，分别脱粒、考种、单独贮藏，供下一年进行株(穗)系比较。

3. 株(穗)系比较

上年入选株(穗)行各成为一个单系，分别稀植于株(穗)系圃，每系一个区。根据株系的综合表现存优汰劣。入选的株(穗)系严格去杂、去劣后进行混合收获。

4. 混合繁殖

将上年混合收获的种子种于原种圃，扩大繁殖。原种圃要求有一定的隔离条件，水肥条件好，采用稀植等技术以提高繁殖系数；在田间进行去杂去劣，收获后单独脱粒、单晒、单藏。由此生产的种子就是原种。

三年三圃制是原种生产的一种基本方法，但存在生产原种的时间长，得到的种子量少，费用和种子成本高等一些不足。此外，如果提纯者对品种特征特性了解不深，在选择中难免发生偏差，可能影响选择的效果。

(二)二年二圃制

除省略了株(穗)系圃之外，其他与“三圃制”相同，是燕麦提纯复壮生产原种常用的方法，即将株(穗)行去杂去劣混收后，直接进入原种圃混合繁殖生产原种。

(三)一圃制

燕麦品种是一个遗传相对稳定的群体，在种子繁殖过程中，去除因机械混杂及基因突变等造成的杂、劣株，就能保持品种的种性。一圃制即通过单粒点播、分株鉴定、整株去杂、混合收获即为原种生产。一圃制简单易行，高效实用，因此是目前燕麦快速繁殖原种最常用的方法。

三、燕麦良种生产

(一)种子生产的基础条件

1. 自然生态条件

燕麦种子生产的自然生态条件，包括无霜期、有效积温、年降水量和雨季分布、日照时间、光照强度、昼夜温差、土壤类型和肥力等。一般来讲，品种育成地的生态条件就是该品种最适合的生态条件，种子生产基地常常建在其附近地域。要注意基地的土壤结构和土壤肥力，贫瘠的土壤不能作为种子生产田。另外，不能在重病区或病虫害常发区以及有检疫性病虫害的地区建立基地。

2. 生产水平和制种者素质

除了自然条件较好外，种子基地应具备较好的农业生产条件和较高的农业生产水平；从事种子生产的农民应有较高的文化素质，能较快地接受农业生产新技术，有学习科学技术和有关种子知识的愿望，热爱种子事业。

（二）燕麦良种生产

1. 品种选择

我国燕麦产区幅员辽阔，华北、西北、东北、西南均有种植，各地栽培及耕作制度不同，只有推广与其自然条件和耕作制度适应的优良品种，才能保证燕麦生产的高产和稳产。要因地制宜，合理布局。品种合理布局，就是在较大范围内合理地配置品种，使自然生态条件得到最好的利用，将品种的生产潜力充分发挥出来，从而获得最佳的经济效益。

实现品种区域化，首先要对一个地区范围内的自然条件和生产技术进行全面的调查，做出合理的农业区划。在区划的基础上，对当地品种的历史和现状进行调查研究，以积温、土壤肥力、耕作制度及管理水平为指标，进行品种区划。各地气候、土壤、生产水平千差万别，要选择能抵抗当地主要自然灾害且与生产水平相适宜的品种推广。如无霜期短的高寒地区，应选择早熟、耐寒性强的品种；土壤瘠薄、施肥水平低的地区应选择耐瘠薄、适应性强的品种；地势低洼或盐碱地区应选择耐盐碱、耐湿、抗病性强的品种；间套作地区适宜推广早熟、高产、株型紧凑、矮秆抗倒的品种。

2. 基地选择

除自然生态条件要能满足生产燕麦种子的需要外，基地还要具有良好的光、温、土壤、排灌等基础条件，有一支相对稳定的繁种技术队伍。

3. 种子田选择

为了获得高产、优质的种子，种子田所在地的自然气候、土壤条件应适合该作物、该品种的生长发育；地势平坦，土地肥沃；排灌方便，旱涝保收；病、虫、草等危害较轻，无检疫性病虫草害；集中连片，交通方便，有较好的隔离条件。不得重茬，前茬以马铃薯、豆科作物为好。一定要单一品种、单一地块繁殖，繁种田四周与其他作物，特别是其他燕麦田有1～2 m的隔离带，以防机械和人为混杂。

4. 除杂保纯

严格除杂保纯是防止品种退化的主要措施，除杂保纯措施要贯穿整个生育阶段和生产环节。从准备播种到种子收获、贮藏的全过程，都必须建立一整套严格的防杂保纯措施，各环节使用的工具在使用前必须清理干净，做到单收、单脱、单晒、单藏，做好标记，种子要有专人管理。

四、燕麦良种繁育田间管理要点

(一)播前准备

1. 整地

燕麦生产多为旱地，长期以来形成了以蓄水保墒为中心的耕作制度。土地耕作的重点是早、深，在前作收获后即进行深耕，充分利用自然降水较多和气温较高的早秋季节，提高土壤含水量和土地熟化程度。耕翻深度 25 cm 左右，但对坡梁地及浅位栗钙土的地块，耕深以 15～18 cm 为宜，滩水地和下湿地耕深以 20～25 cm 为宜。秋深耕虽然可以提高土壤水分含量，但当年不能促进土壤水稳性团粒结构的形成。因此，保水保墒必须依靠耙、耱、磙、压等整地措施来碎土、平地、保墒。作业程序一般是耕后立即耙、耱，或边耕边耙、耱，镇压，以顶凌镇压效果最好，但要根据不同的土质灵活掌握。坡梁地以耱为主，一般不进行耙地，滩水地和下湿地土壤比较黏重，坷垃较多，要先耙后耱；地下水位高、带有盐碱的黏重地块，耕后不耙、耱，要经过一定时间暴晒和风化后进行冬季碾压，春季耙、耱。

2. 种子处理

播种前对种子进行选种、晒种、药剂拌种或包衣，选出粒大饱满、整齐度一致的种子。大而且饱满的种子，生活力强，发芽率高，播种之后出苗快，幼苗健壮，可以抗避苗期自然灾害。必要时进行发芽试验，确定适宜的播种量，以免出现缺苗断垄现象，给后期的去杂去劣和田间管理带来不便。选种的方法有风选、筛选、机选和粒选。晒种可以促进种子后熟，提高种子的发芽率和发芽势，减轻病害的发生。拌种是防治病虫害的有效措施。严禁播种带有检疫病、虫害和杂草的种子。

(二)播种

1. 适时播种

播种期是否适时，对其最后的产量有很大的影响。只有适时播种才能充分有效地利用自然条件中的有利因素，克服自然条件中的不利因素，从而获得较高的产量。种子田要适时播种，同时确保播种质量，避免发生机械混杂。在种子接收和发放过程中，要认真核对，避免出现差错。如果用播种机播种，装种子前和更换品种时，都要对播种机的种子箱和排种装置进行彻底清扫。

2. 播种方法与深度

燕麦主要采用条播，一般耧播或机播，行距 23～25 cm，播种深度一般为 4～6 cm。早播的适当深一些，晚播的适当浅一些，干旱少雨的地区和土壤墒情差的年份，播种要适当深一些。

3. 播种量

燕麦播种量是根据不同地区土壤类型、肥力、品种、发芽率和植株群体密度要求来确定的。

(三)生长期管理

1. 苗期管理

苗期是营养生长时期，管理以保全苗、壮苗为基础，以喷药防治蚜虫(同时防治燕麦黄矮病)、中耕锄草为中心。幼苗 2～3 叶期防治蚜虫，4～5 叶期适时浅锄灭草。第 1 次灭蚜后，根据田内蚜虫和其他虫害情况适时防治。

2. 中期管理

施肥、中耕除草、病虫害防治等是生长中期的重点，管理工作要做到及时、细致、科学，确保燕麦正常生长和发育。分蘖后期至拔节前期适时进行第 2 次中耕锄草，保证田内无杂草。拔节期浇第一水，并根据生长情况追施尿素。抽穗期根据自然降水情况，掌握浇第二水，如降水较多可不浇。根据病虫害发生情况，适时组织防治。

3. 后期管理

抽穗期是营养生长和生殖生长并进期，茎叶生长旺盛，各种生理过程活跃，对养分需求旺盛，是吸收水肥的高峰阶段。如发现田间有缺肥现象，可结合降水或浇水，追施氮肥或磷、钾肥。如发现病虫害应及时防治。开花、受精后，进入生殖生长阶段，除根据田间表现注意水肥供给外，应进一步注意病虫害的发生和防治。此期可根据情况进行叶面喷施补肥，每公顷用磷酸二氢钾 2 250 g/hm^2 兑水 600～750 kg 进行叶面喷施，可有效提高叶片寿命并保持根系活力，提高穗粒重和千粒重，提高单产。

4. 去杂和去劣

燕麦种子田去杂、去劣是保证种子质量的一项重要措施，从抽穗到成熟应进行多次，拔除杂、劣植株时应整株拔除。

第三节　燕麦种子收获、清选和贮运

一、适时收获

燕麦成熟很不一致，当花铃期已过，穗下部籽粒进入蜡熟期，穗中上部籽粒进入蜡熟末期时，即应收获。此时籽粒干物质积累达到了最大值，茎秆尚有韧性，收割时麦穗不易断落。特别是北方夏播燕麦区常有大风危害，收获不及时，常因大风导致落铃、落粒而造成减产。燕麦在收割、运输、脱粒、晾晒过程中，最容易发生机械混杂，要特别注意防杂保纯。

二、收获方法

农业生产的每一个环节都会受到天气的影响，燕麦收获季节降水量偏多，而且比较集中，给燕麦收获增加了很大难度。因此，因时因地制宜，灵活应用分段收获和机械收获，是减少收获损失的重要保证。

(一)燕麦分段收获

分段收获就是指燕麦在蜡熟期，先用人工或割晒机将燕麦收割，经过晾晒后，再进行脱粒。这种收获方法的优点是燕麦完成后熟并降低水分，籽粒饱满、坚实，容重和发芽率均得到提高；由于割晒是在蜡熟期进行，一般不会出现落粒、掉穗现象，从而减少损失；经过晾晒后的燕麦粒含水量接近安全含水量，减轻了晒场的压力，减少了晾晒用工，加快了种子处理的速度。缺点是用工较多，收获如遇连续阴雨天燕麦粒易发芽、霉变。

燕麦特别是裸燕麦主穗与分蘖穗成熟不一致，熟性较差，如无特殊情况，燕麦种子田收获以分段收获为佳。

(二)燕麦联合收获

联合收获是指燕麦在完熟期，用联合收割机一次完成收获、脱粒、分离作业。其优点是可大幅度提高劳动生产率。缺点是燕麦收获损失较大，籽粒含水量高，晾晒时间长。

三、清选加工

燕麦种子清选加工的目的主要是清除混入种子中的茎、叶、穗和损伤种子的碎片、泥沙、石块等杂物，以提高种子净度和发芽率，并对种子进行干燥，使种子含水量达到安全贮藏标准。一般经精选机借助筛片和风力，把轻重不同的种子分开，除去混在种子里的杂物，留下清洁而饱满的种子。

四、贮运

（一）运输和包装

运输种子时必须做好包装，防种子受暴晒、受潮、发霉或受机械损伤、受冻、受压等，以保持种子旺盛活力。根据不同的贮藏条件、种子的含水量、保存期限、种子用途和运输距离及地区等选择不同的包装材料。包装材料主要有麻袋、多层纸袋、铁皮罐、聚乙烯袋等。用麻袋包装透湿容易，可以重复使用，适合大量种子包装，但防湿、防虫和防鼠性能差。金属罐包装可以防止受潮，防虫、防鼠性能好，适合较少量种子包装。聚乙烯和聚氯乙烯等多孔型塑料袋，不能防湿，密封在里面种子会慢慢吸湿。

（二）贮藏

种子从收获到次年播种，也就是等待下次播种是在室内度过的，而且室内的时间比在田间的时间更长，因此，种子贮藏工作显得特别重要。众所周知，生产上的良种，是指优良品种的优质种子，而优质的种子必须纯净一致、饱满完整、健康无病虫、活力强，要做到这些，就要在贮藏阶段上下功夫，也就是要在种子贮藏上努力减少贮藏期间种子的数量损失和生活力及活力损失，做好种子贮藏与粮食增产具有同等重要的意义。

1. 贮藏条件

良好的贮藏条件会延长种子的寿命，保持种子的活力，提高种子的播种品质，为作物的增产打下良好的基础。种子出入库为避免机械混杂应做好以下几项准备：种子入库前首先清洁种子存放场地、库房，对所用工具和机械做到一个品种一次彻底清洁，防止其他品种种子混入；种子入库前对不同来源、不同品种、不同产地或不同年限的种子分别进行入库登记，分开存放；种子存放要整齐，为了便于通风和随时检查种子，要适当留有通道；种子库房内外保持清洁，无落地种子或其他杂物；种子入库后标明品种名称、种子数量、产地、产种年限、入库时间及室内各项指标检验结果。燕麦种子水分含量要达到13%以下再入库。

2. 库房温湿度

种子贮藏期间影响种子安全的因素有库房的湿度、温度、种子堆温度和仓库害虫。为了做好安全贮藏工作，工作人员要定期进行检查，发现问题及时解决。平时注意仓库的防潮和合理通风与密闭。在正常情况下，种温随着气温、库房温度的变化而变化。如果种子出现异常高温时，称为发热，必须及时处理，否则种子会出现霉变。种子温度的变化规律一般为上午 6:00—7:00 温度最低,最高出现在下午 17:00—18:00,上午 10:00 左右气温、仓库温度和表层种温相近。充分干燥的种子,入库完毕后的半个月内,每 3 d 检查 1 次,以后每隔 7~10 d 检查 1 次。冬季种温在 0 ℃以下时,每 15 d 检查 1 次。水分是种子贮藏安全的另一个重要指标,如果种子含水量增高,说明贮藏环境恶化。种子水分日变化主要表现在种堆表层 15 cm 左右,30 cm 以下变化很小。一般日出前水分最高,下午 16:00 最低。通常一、四季度每个季度检查 1 次,二、三季度每个月检查 1 次。

3. 防治仓储害虫

种子入库前用药剂对库房和机械设施进行处理,密闭消毒 72 h,然后通风,24 h 后可以使用。

第四节　种子检验及销售

为了确保农业生产安全用种,切实保护用种者的合法权益,《中华人民共和国种子法》(以下简称《种子法》)对种子检验的机构和职责、种子检验技术规程、种子质量标准等都做出明确的规定。严格控制种子质量,对保护农业生产和农民利益,提高农业生产的经济效益具有十分重要的意义。

一、种子检验

种子检验是指利用科学、先进和标准的方法,对种子样品的质量进行检测、分析、鉴定,以判断其质量优劣的一门科学技术。种子检验是保证种子质量(种子品质)的关键,特别是种子作为商品流通后，种子检验工作就显得更为重要，所有种子的生产、加工、销售全部过程的质量，都须通过对种子进行检验确定。种子检验的内容主要包括种子真实性、纯度、净度、发芽率、生活力、千粒重、水分和健康状况等。其中，纯度、净度、发芽率和水分四项指标为种子质量分级的主要标准，是种子收购、种子贸易和经营分级定价的依据。

种子检验必须按《农作物种子检验规程》进行，规程由GB/T 3543.1—GB/T 3543.7七个标准构成，对扦样、净度分析、发芽试验、真实性和品种纯度鉴定、水分测定、其他项目试验等有明确规定。

国家标准GB 4404.4—2010规定，燕麦种子质量指标：原种纯度不低于99.0%，大田用种不低于97.0%，净度不低于98.0%，发芽率不低于85.0%，水分不高于13.0%。以品种纯度为划分种子质量级别的依据。纯度达不到原种指标降为良种，达不到良种指标即为不合格种子。净度、发芽率、水分各定一个指标，其中一项达不到指标的即为不合格种子。

（一）纯度鉴定

种子纯度鉴定的方法有种子鉴定、幼苗鉴定和小区种植鉴定。

1. 种子鉴定

燕麦的种子鉴定有形态鉴定和快速测定两种方法。形态鉴定是通过放大镜逐粒观察区分品种和异种。燕麦种子纯度可以通过苯酚染色法快速测定，将燕麦种子浸入清水中18～24 h，用滤纸吸干表面水分，放入垫有用1%苯酚溶液湿润滤纸的培养皿内(腹沟向下),评价燕麦种子内外稃的颜色,将基本颜色不同的种子作为异种。也可以用氯化氢测定法,将燕麦种子放入装有氯化氢溶液(用38%的盐酸与水以1∶4的体积比进行混合)的玻璃器皿中浸泡6 h,然后取出放在滤纸上风干1 h,根据棕褐色和黄色来鉴别种子。

2. 幼苗鉴定

幼苗鉴定有两种方法:一是提供植株适宜生长的环境,待幼苗生长到适宜评价的阶段,对幼苗进行鉴定;另一种方法是让植株生长在特殊的逆境条件下,测定不同品种对逆境的不同反应来鉴别不同品种。

3. 田间小区种植鉴定

根据田间小区内植株形态进行鉴定。小区种植鉴定是鉴定品种真实性和测定品种纯度最常用、最可靠、最准确的方法。

(二)水分测定

种子水分是种子质量标准中的四大指标之一。种子水分含量的高低直接关系到种子包装、贮藏、运输的安全,并且对保持种子生活力十分重要。测定种子水分的方法有低恒温烘干法、高温烘干法、高水分预先烘干法。燕麦种子水分测定用高温烘干法。

(三)种子活力鉴定

种子活力是指种子发芽的潜在能力或种胚所具有的生命力。种子活力的测定方法有四唑染色法、甲烯蓝法、溴麝香草酚蓝法、红墨水法等。但《农作物种子检验规程》规定的方法是四唑染色法，应用2，3，5-三苯基氯化四氮唑（简称四唑，TTC）无色液体作为一种指示剂，这种指示剂被种子活组织吸收后，被还原成一种红色、稳定、不会扩散和不溶于水的三苯基甲臜。据此，可依据胚和胚乳组织的染色反应来区别有生活力和无生活力的种子。

（四）种子净度检验

净度也是种子分级的重要依据，也是判断种子质量的重要指标。选取1 000 g种子，筛选出净种子，去掉杂质后称重，计算种子净度。

二、种子销售

种子是一种不同于其他商品的具有生命力的特殊商品，所以种子的销售是有时效性的。《种子法》规定，种子经营者应当遵守有关法律、法规，向种子使用者提供种子的简要性状、主要栽培措施、使用条件说明与有关咨询服务，并对种子质量负责。另外，种子经营者必须持有经营许可证，并建立种子经营档案，注明种子来源，加工、贮藏、运输和质量检查各环节的简要说明及责任人、销售去向等内容。对于燕麦来说，种子的档案要保存到种子销售后的两年。种子使用者因种子质量问题遭受损失的，出售种子的经营者应当予以赔偿。

对要销售的种子，包装后要在包装物表面及内外标有特定的图案或是文字说明。对于不经加工包装进行销售的种子，经营者在销售种子时应向种子使用者提供特定图案及文字说明，这些图案和文字说明称为种子标签。根据《农作物种子标签管理办法》规定，农作物的标签应标注的内容有：作物种类、种子类别、品种名称、产地、种子经营许可证编号、质量指标、检疫证明编号、净含量、生产年月、生产商名称等。

附：燕麦种子检验标准

粮食作物种子　第四部分：燕麦

（GB 4404.4—2010）

前　言

GB 4404 的本部分的全部技术内容为强制性。

GB 4404《粮食作物种子》分为以下几个部分：

——第 1 部分：禾谷类

——第 2 部分：豆类

——第 3 部分：荞麦

——第 4 部分：燕麦

……

本部分为 GB 4404 的第 4 部分。

本部分代替 GB 4404.5—1999《粮食作物种子 燕麦》。

本部分与 GB 4404.5—1999 相比，主要变化如下：

——明确了适用范围；

——修订了定义和术语；

——修改了燕麦大田用种的纯度要求；

——取消了包装、运输、贮藏的引用规定；

——修订了检验规则。

本部分由中华人民共和国农业部提出。

本部分由全国农作物种子标准化技术委员会(SAC/TC37)归口。

本部分起草单位:全国农业技术推广中心、农业部谷物品质监督检验测试中心、农业部农作物种子质量监督检验测试中心(太原)、农业部农作物种子质量监督检验测试中心(西安)、河北省种子管理总站、内蒙古自治区种子管理站。

本部分主要起草人:赵建宗、胡学旭、刘青、冯铸、史桂琴、谢华峰、刘占平。

本部分所代替标准的历次版本发布情况为:GB 4404.5—1999。

1　范围

GB 4404 的本部分规定了燕麦(*Avena sativa* L.)种子的质量要求、检验方法和检验规则。

本部分适用于中华人民共和国境内生产、销售的上述燕麦种子,涵盖包衣种子和非包衣种子。

2　规范性引用文件

下列文件中的条款通过 GB 4404 的本部分的引用而成为本部分的条款。凡是注日期的引用文件,其随后所有的修改单(不包括勘误的内容)或修订版均不适用于本部分,然而,鼓励根据本部分达成协议的各方研究是否可使用这些文件的最新版本。凡是不注日期的引用文件,其最新版本适用于本部分。

GB/T 3543(所有部分)农作物种子检验规程

GB 20464 农作物种子标签通则

3　术语和定义

下列术语和定义适用于 GB 4404 的本部分。

3.1

原种 basic seed

用育种家种子繁殖的第一代至第三代，经确认达到规定质量要求的种子。

3.2

大田用种 qualified seed

用常规原种繁殖的第一代至第三代或杂交种，经确认达到规定质量要求的种子。

4　质量要求

4.1　总则

种子质量要求由质量指标和质量标注值组成。质量指标包括品种纯度、净度、发芽率、水分；质量标注值应真实，并符合 4.2 的规定。

4.2　质量标准

燕麦种子最低质量要求见表 1。

表 1　　%

作物种类	种子类别	品种纯度 不低于	净度(净种子) 不低于	发芽率 不低于	水分 不高于
燕麦	原种	99.0	98.0	85	13.0
	大田用种	97.0			

5　检验方法

净度分析、发芽试验、水分测定、真实性和品种纯度检测应执行 GB/T 3543 的规定。

6　检验规则

6.1　扦样

扦样方法和种子批的确定应执行 GB/T 3543 的规定。

6.2　质量判定规则

质量判定规则应执行 GB 20464 的规定。

第五章　燕麦加工技术

第一节　燕麦片的加工技术

燕麦片是我国最主要的燕麦加工食品之一。燕麦片因食用方便、营养丰富而受到广大消费者的青睐。燕麦片按照加工原料可分为燕麦片和复合麦片；按照食用方法可分为即食燕麦片和快熟燕麦片。即食燕麦片片形较厚，食用前需在沸水中煮 1～3 min。快熟燕麦片片形较小、较薄，只需在热水中浸泡 3～5 min 即可食用。一般蒸煮后的燕麦片口感要优于冲泡的燕麦片。

作为燕麦食品主要形式的燕麦片，热加工能提高其营养价值，并且利于储存和方便食用。燕麦片由燕麦加工制成，是全谷物食品，保留了燕麦的大部分营养，有淡淡的天然麦香，口感较粗糙，适合老年人、高脂血症及肥胖病人食用。纯燕麦片分为整籽粒燕麦片、切粒燕麦片、烘焙燕麦片等产品，主要采用压片机（或轧胚机）压片技术，目前加工工艺较为成熟，消费者接受程度较高。复合麦片是以燕麦、大麦、小麦、荞麦、玉米、大米等谷类为原料，添加（或不添加）奶、植脂末、糖等辅料，经粉碎、打浆、滚筒干燥、粉碎成片等工艺制成的即食可冲调性定型包装食品。复合麦片可以分为营养强化麦片、什锦麦片等，具有感官诱人、易于溶解、便于吸收、口感好等优点。

一、燕麦片加工关键技术

(1)原料的筛选　燕麦片原料需符合 GB/T 13359—2008《莜麦》中所规定的标准。燕麦原料要求籽粒饱满，颜色黄亮，大小均一，杂质少，水分含量为 12%～14%。

(2)清理除杂　燕麦经打磨去掉表面的茸毛，使籽粒表面洁净光亮；采用精选机除去燕麦中的砂石、杂质、燕麦皮壳和混杂的其他颗粒物，并对燕麦籽粒按大小进行分级。用筛分机械除去一部分粒度不同的大杂质和小杂质；用去石机清除掉并肩杂质；用磁选机清除铁杂质；用精选机去除杂质并进行分级(皮燕麦还需要脱壳设备处理)。

(3)灭酶　清理分级的燕麦在烘麦塔内进行蒸煮灭酶，使部分淀粉发生预糊化，抑制脂肪氧化酶活性，提高燕麦片贮藏性，延长货架期。加热处理既可灭酶，又能增加燕麦片的焙烤香味。

(4)切粒　快熟燕麦片需要沿长度方向将籽粒切割为 2～3 节，即食燕麦片不需要切粒。

(5)压片　经过预处理的燕麦，可经过切粒或者不切粒后进行压片，经辊压机压成薄厚均匀的薄片而不成粉末。一般采用对辊压片设备，根据产能需求选用合适的设备，直径宜大。对辊表面要求光洁，辊间距要求准确并可调压力和间隙。

(6)干燥　压片后的燕麦片进行气流干燥，水分降低至 12%左右。

(7)筛选　干燥后的燕麦片有破碎的粉末或细小颗粒。筛选可保证燕麦片具有良好的外观,提高燕麦片的均一性。

(8)包装　灭菌包装可防止微生物污染,确保燕麦片质量安全。

二、复合麦片加工关键技术

复合麦片是指以大麦、小麦、大米等为原料。经制浆、干燥、破碎工艺制成原片,再添加(或不添加)奶粉、植脂末、白砂糖等原料混合而成的产品。

复合麦片产品感官要求包括色泽、滋味、气味、状态,微生物标准需要检测菌落总数、大肠杆菌、霉菌,采样及处理按照GB/T 4789.1 执行。理化指标水分含量要求≤12.0%。

(1)粉碎　配料包括小麦粉、大米粉、玉米粉、燕麦粉、麦芽糖、奶粉、砂糖等,把相关辅料按照要求粉碎、过筛。

(2)打浆　把粉碎后的物料按照一定的浓度要求加水,制备原料混合浆,并进行均质。

(3)滚筒干燥　上浆与干燥过程在滚筒式干燥机中进行,温度大约保持在 140 ℃。

(4)粉碎成片　干燥后的薄片再粉碎、整形、筛分,得到均一的颗粒即为麦片。

(5)搭配包装　原麦片与其他配料混合,按照要求分装。

三、烘烤燕麦片加工关键技术

烘烤燕麦片是在纯燕麦片加工的基础上,通过微波烘烤、低温烘烤等加工技术,尽可能保留燕麦中的维生素、多糖、膳食纤维等营养成分，增加醛类、吡嗪类和嘧啶类等焙烤香味成分的含量，并提高燕麦片食用的方便性。

（1）原料的筛选　按照 GB/T 13359—2008《莜麦》中所规定的标准，选择籽粒饱满、颜色黄亮、大小均一的燕麦籽粒作为燕麦片加工原料。

（2）清理除杂　清理去除茸毛、砂石、杂质、燕麦皮壳和混杂的其他颗粒物，并对燕麦籽粒按大小进行分级。

（3）灭酶　清理分级的燕麦在烘麦塔内进行烘烤灭酶，使部分淀粉发生预糊化，抑制脂肪氧化酶活性，增加燕麦片的焙烤香味。

（4）压片　经过预处理的燕麦，可经过切粒或者不切粒后进行压片，经辊压机压成薄厚均匀的薄片。

（5）干燥　对压片后的燕麦片进行热风干燥，使水分降低至 10％以下。

（6）烘烤　对干燥后燕麦片进行低温（150 ℃）或高温（200 ℃以上）烘烤，使麦片具有浓郁的烘烤香味和需要的色泽。也可以喷涂糖浆，把燕麦片黏附在一起，同时改善产品风味。

（7）冷却　采用冷风系统将烘烤后燕麦片的温度降至常温。

（8）筛选　利用振动筛去除冷却后燕麦片中的破碎粉末或细小颗粒，保证燕麦片具有良好、均一的外观。

（9）包装　与其他果干定量混合，灭菌包装可防止微生物污染，确保燕麦片质量安全。

第二节　燕麦粉的加工技术

燕麦粉是燕麦的初加工产品。裸燕麦经清理除杂、洗麦、润麦、烘炒(烤)灭酶处理后,进入磨粉机进行研磨过筛,即成燕麦粉。燕麦粉可分为去掉麸皮的燕麦精粉和含有麸皮的燕麦全粉。由于燕麦脂肪含量丰富,且脂肪酶活性较高,所以在燕麦粉加工过程中,灭酶是至关重要的一步。若未进行灭酶,则脂肪酶易催化甘油三酯生成游离脂肪酸,游离脂肪酸进一步氧化会产生哈败味,严重影响燕麦粉品质。目前,常用灭酶方式有炒制灭酶、烘烤灭酶、蒸汽灭酶以及新型的红外灭酶和微波灭酶。

一、燕麦粉加工关键技术

国家标准 GB/T 13360—2008《莜麦粉》和农业行业标准 NY/T 892—2014《绿色食品 燕麦及燕麦粉》中,对莜麦粉的质量标准从粗细度、灰分、含砂量、磁性金属物、脂肪酸值、水分、色泽、气味、口味等方面分别进行了详细的规定。

(1)原料的筛选　磨粉的燕麦没有特别的要求,但是要符合燕麦(莜麦)国家标准。杂质含量要求,要经过清选、去杂、去石,然后才能进行加工。我国农业行业标准 NY/T 892—2014《绿色食品 燕麦及燕麦粉》中对容重、水分、不完善粒、杂质总量、矿物质等均有明确要求。

(2)灭酶　燕麦制粉前通常是先将燕麦籽粒进行灭酶处理(蒸汽灭酶、炒制灭酶、其他方式灭酶),然后进行制粉。

(3)磨粉:清理除杂经灭酶后的燕麦,进入磨粉系统进行制粉,根据市场需求可以分为燕麦芯粉、燕麦精粉、燕麦皮粉、燕麦全粉。

二、其他燕麦面粉制品

(一)燕麦鲜面条

以全燕麦粉为原料,或加入30%～70%小麦粉后,经过和面、熟化、压片、切条、成形、干燥后制成,是我国燕麦传统产区的主要燕麦面粉食品,深受当地消费者喜爱。

(二)燕麦挂面

将燕麦粉、小麦粉按不同比例干法预混合均匀,添加物溶解于水中,和面后在压面机上反复压片,至面片均匀光滑。压至所需厚度,然后切条,经干燥制成挂面。

(三)燕麦馒头

将燕麦粉按比例与小麦粉混匀,加入1%～2%的干酵母,加水,手工和面达到无生粉、面筋形成为止。和好的面团揉搓成球,在发酵箱中发酵,根据需要成形,稍加醒发后放在铺有湿布的蒸屉上,沸水锅中蒸熟后即可。

(四)燕麦粉面包

小麦粉选用湿面筋含量在35%～45%的强筋粉,混入面粉重量20%～30%的燕麦粉,食盐、糖(需用开水化开),将除起酥油外的全部原辅料放入和面机内,加入适量的水搅拌至面团快要成形前放入起酥油,继续搅拌至面团不黏手、均匀有弹性时取出。在温度(30±1)℃、相对湿度85%的发酵箱内发酵 90 min。面团根据需要分块、揉圆、静置、成形。将整形后的面包坯放入发酵箱内进行最后醒发，发酵箱温度控制在 38～40 ℃，相对湿度控制在 85%左右，醒发 45～60 min，使其体积达到整形后的 2 倍左右，立即进行烘烤。烤箱面火 210 ℃、底火 230 ℃、烘烤 20 min 后出炉。

（五）燕麦饼干

1. 工艺流程

原辅料预处理→面团的调制→辊轧→成形→烘烤→冷却→包装→成品。

2. 操作要点

（1）原辅料预处理　将糕点粉、焙烤粉、碳酸氢钠（小苏打）和燕麦粉分别过筛，按配方称出后备用。将奶油、红糖和食盐放入桨式搅拌机内，低速搅打 15～20 min，然后加入鸡蛋、牛奶和香兰素，再低速搅拌至物料完全混匀为止，备用。

（2）面团调制　将称好的糕点粉、焙烤粉和碳酸氢钠先混合均匀，然后再加入处理好的燕麦粉，最后加入已搅拌好的浆液和面，揉制成软面团。

（3）辊轧成形　将和好的面团放入饼干成形机，进行辊压成形。成形时在面带表面洒少许植物油，以防面带黏轧辊。

（4）烘烤　将成形好的饼干放入 190 ℃的烘烤箱内，烘烤 10～12 min，即可烤熟。

（5）冷却、包装　经烘烤后的饼干，挑出残次品，自然冷却后进行包装、贮藏，贮藏库温度控制在 20 ℃左右、相对湿度为 70%～75%。

(六)燕麦方便面

1. 工艺流程

原辅料(添加剂)称量→混合→和面→熟化→轧片→切条→蒸煮→干燥→计量→包装→成品。

2. 操作要点

(1)和面　用 30 ℃左右的温水,和面时间 10 min。

(2)熟化　在 30 ℃的保温箱内,熟化 35 min。

(3)轧片、切条　面团先通过两组轧辊压成两条面带,再次复合为一条面带;面带经 5～6 组轧辊压延,将面片厚度压延至 0.8～1.0 mm。面片达到规定厚度后,直接导入压条机压成一定规格的湿面条。

(4)蒸煮　常压蒸煮 8 min。

(5)干燥　可采用热风 90 ℃干燥 35 min。

(6)包装　将面块、汤包、料包一起放在包装袋内,真空包装即可。

第三节　燕麦米的加工技术

燕麦米是指以裸燕麦或脱壳后的皮燕麦为原料,经清洗、碾磨、灭酶等工序加工的全粒状产品。市售燕麦米分为一等和二等,质量指标包括外观、气味、蛋白质含量、脂肪酸值、吸水率、整米率、不完善粒、水分含量、杂质含量,各个等级要求有所不同。

燕麦米加工的基本工艺包括:原料→清理除杂→脱壳→

碾米→灭酶→晾干→清选分级→包装→产品。

1. 原料的筛选

千粒重为22～25 g的燕麦籽粒适合生产燕麦米，或符合GB/T 13359—2008《莜麦》中2等以上的裸燕麦籽粒品质（容重≥670 g/L）的要求。

2. 清理除杂

去除原粮中的砂石、草籽、杂物等燕麦籽粒以外的物质。可选用原粮筛选机、去石机进行处理，便捷高效。

3. 脱壳

脱壳主要适用于皮燕麦，对于带壳率较高的裸燕麦也需要脱壳处理。

4. 碾米

通过打磨去除燕麦籽粒表面的茸毛和适量的麸皮，去皮率约为3%～5%。要求严格控制进料速度和碾米时间，碾米时间过短，达不到去皮率要求，保留较多的种皮，易导致燕麦米口感粗糙；碾米时间过长，损失较多的种皮和营养物质，产品中碎米粒增加，影响产品品质。

5. 灭酶

燕麦中脂肪含量高（5%～9%），其中软脂酸、油酸、亚油酸占总脂质含量的90%～95%，特别是不饱和脂肪酸（亚油酸）的比例高。燕麦籽粒被破坏（如碾米、粉碎等）易导致脂肪酶被激活，短期内游离脂肪酸含量显著增加，产品变质。灭酶处理可有效提高燕麦米的品质，延长产品货架期。常见的燕麦灭酶方法如下：

(1)传统焙炒　采用传统大锅或电锅炒制，可有效灭酶。该方法制得的燕麦米香味浓郁，色泽黄亮，较原料颜色略深，但工业化程度低，用肉眼观察灭酶效果。常用设备：电炒锅。

关键点：严格控制炒制时间、炒制均匀度。

(2)红外烘烤　原粮经过水分调节后进入红外灭酶机，可达到有效灭酶。该方法制得的燕麦米具有天然燕麦特有的浓郁香味，色泽黄亮。处理方式便捷、高效，适合工业化生产。常用设备：远红外烘烤仪。

关键点：控制润麦籽粒的含水量，含水量太低，籽粒易焦煳；含水量过高，灭酶不彻底。烤制后的籽粒，存放在保温箱中，自然冷却，利用余热巩固灭酶效果。

(3)微波加热　通过微波加热进行灭酶处理，该方法对籽粒色泽基本没有影响。但籽粒的风味不及焙烤和红外烘烤法。常用设备：微波灭酶仪。

(4)常压或加压蒸制与焙烤结合　通过蒸、烘 2 种方式依次加热，对籽粒进行灭酶处理。常用设备：蒸烤一体箱、过热蒸汽灭酶仪、烘麦塔。

(5)晾干　去除灭酶后燕麦米中残留的多余水分，样品冷却至室温。常用设备：流化床干燥机。

(6)清选分级　用于去除加工过程中产生的碎米粒、小籽粒等，确保产品籽粒大小均匀。常用设备：滚筒精选机、比重式精选机。

(7)包装　通过定量包装机进行包装，通常有普通包装、真空包装、桶装、袋装等。

燕麦米在低温干燥处贮藏，保存期一般不超过 6 个月。开袋后的燕麦米最好放置在冰箱中冷藏储存。

第四节　燕麦乳的加工技术

燕麦饮品是以燕麦为主要原料，经研磨制浆，酶解或不酶解制成的植物饮品，属于植物蛋白饮料的范畴，不仅含有燕麦中大部分可溶性营养成分，还含有一些不溶于水的物质，如膳食纤维以及脂肪等。燕麦饮品是近年来国内出现的一款新型燕麦加工产品。常被称为燕麦乳或燕麦奶，燕麦乳不含乳糖，膳食纤维含量较高，并保留燕麦的部分不饱和脂肪酸，同时，由于具有与牛奶制品相类似的外观和口感，可直接饮用，也可以调配咖啡、奶茶等多种饮品，因此越来越受到消费者的欢迎。

燕麦通过酶解，将淀粉分解为糖，同时，燕麦中的蛋白质、脂肪和水溶性膳食纤维等主要营养物质均得到充分的利用。通过蒸煮和焙炒，不但使燕麦中的脂肪氧化酶灭活，而且使燕麦自身的麦香高效溶出。燕麦中的水溶性膳食纤维使燕麦乳的外观浓稠，口感滑爽。燕麦乳的生产过程全程可控，生产工艺成熟，自动化程度高，适合大规模工业化生产。在此基础上，还可以开发益生系列燕麦乳酸菌饮料等产品。

与其他谷物类的植物乳相比，燕麦乳营养丰富，其中蛋白质含量、膳食纤维和不饱和脂肪酸含量均比较高，同时燕麦风味独特，原料与出品率比值高，具有很好的市场前景，是继豆奶之后又一良好的植物蛋白饮品。

燕麦乳生产工艺流程包括：燕麦→灭酶→磨浆→蛋白酶解→糖化→灭酶→离心→均质→灌装→成品。

(1)磨浆　选择新鲜优质的燕麦籽粒为原料，经过清洗浸泡后磨浆，也可以选择灭酶处理过的燕麦产品进行磨浆，细度为120～150目。

(2)酶解糖化　在液体罐中加入碱性蛋白酶、α-淀粉酶、葡萄糖苷酶，调节温度，不断搅拌，使蛋白质、淀粉充分酶解。

(3)均质　酶解后的浆液冷却到室温，使用离心机将燕麦渣与浆液分离，收集离心分离出的浆液。对上述燕麦浆液进行二级均质处理，均质后口感柔和、组织细腻。

(4)杀菌灌装　使用超高温瞬时灭菌对燕麦乳饮料进行杀菌处理。冷却后使用PET瓶进行无菌灌装。封盖后贴标、打码、装箱。

第五节　燕麦酒的加工技术

燕麦酒是以燕麦为原料，经过不同的发酵过程生产的酒类产品，包括白酒、啤酒、黄酒等。

一、燕麦白酒

以燕麦为主要原料酿造的燕麦酒，其酒体无色透明，清香纯正，具有浓郁的香气和燕麦特殊的麦香，入口绵甜净爽，醇和，回甜。其生产流程包括：燕麦→泡粮→初蒸→闷粮→复蒸→摊晾下曲→发酵→蒸馏→勾兑→燕麦白酒。

(1)泡粮　泡粮时间控制在12～16 h,泡粮水温65～78 ℃,经浸泡后的燕麦要求充分吸水膨胀,用手轻捻即开,捻开后内无生心。

(2)初蒸　圆汽后蒸15～30 mim,要求用手捻开后,内无生心。

(3)闷粮　闷水温度40～45 ℃,闷水时间30～60 min,要求燕麦裂口率达到90%以上。

(4)复蒸　圆汽后复蒸30 min,要求表面水分合适,不粘连在一起。

(5)摊晾下曲　根据白酒的香型选用相应的曲种及曲量,下曲温度一般在30 ℃左右。

(6)发酵　根据曲种以及酒体香型确定发酵周期,一般9～30 d。

(7)蒸馏　将发酵好的酒醅均匀倒入蒸锅,探汽上甑,边装甑边上汽,看到有汽冒出及时用酒醅盖住。

(8)勾兑　根据市场需求进行酒精度勾调。

二、燕麦啤酒

将燕麦制成燕麦芽,通过啤酒的酿造工艺酿制燕麦啤酒可满足人们在啤酒新品种和啤酒保健作用等方面不断提升的要求,满足当代国民对健康的追求。其生产流程包括:燕麦→麦芽→粉碎→糖化→洗糟→煮沸→灭菌→接种→发酵→过滤→燕麦啤酒。

(1)燕麦芽　燕麦去除杂质后,浸麦,液面高于燕麦5～8 cm为宜。于15 ℃下保温,采用浸四断八工艺,即浸湿4 h,

干浸 8 h。总浸麦时间为 48 h,发芽时间为 4～5 d,然后烘干、除根、粉碎。

(2)糖化　按料液比 1∶4.5(W∶V)的比例加入清水,于 50 ℃下搅拌糖化 90 min,再将温度升至 64 ℃,加入 0.1%的 α-淀粉酶和糖化酶,保温 60 min 左右。

(3)过滤　在 100 ℃下煮沸后趁热将醪液过滤。

(4)灭菌　测定已糖化过滤的燕麦麦汁的糖度,并用水稀释至 9°P,进行高压蒸汽灭菌。121 ℃,20 min。

(5)发酵　加入酵母菌液,于 12 ℃发酵 7 d。

三、燕麦黄酒

以燕麦和糯米为主料,制成醇和爽口的燕麦黄酒,其生产流程包括:

燕麦→吃水翻麦→堆积润料→轧麦→加水拌麦→蒸麦→闷料→出甑→放凉→熟燕麦→喂料备用。

糯米→浸泡→冲洗→初蒸→复蒸→淋饭冲凉→沥干→入缸拌药→酒酿→淋饭酒母→加红曲→加活性糖化酶、酸性蛋白酶→喂熟燕麦→开耙→后发酵→澄清→过滤→煎酒→罐坛密封→储存→坛装燕麦红曲酒。

(1)轧麦　挑选优质干净的燕麦,加 6%左右水拌匀,堆积润料 4～5 h,用压扁机将燕麦轧成 3～4 瓣,使麦皮破裂,淀粉外漏,要求细粉越少越好。

(2)蒸麦　加 16%～18%清水,翻拌均匀,入甑蒸麦 30 min 后,待麦层全部透气后继续蒸麦 20 min,闷 15 min,出甑摊晾备用。

(3)浸米　糯米入陶瓷罐，摊平，加清水，水面高出米层25～30 cm，一般控制在22～36 h。

(4)蒸饭淋冷　糯米洗净沥干，入甑，采用“单蒸单淋”操作法蒸煮，蒸饭达到熟透为止后，出甑用清水冲淋至26～32 ℃。

(5)拌药搭窝　米饭淋冷后沥干，倾入缸中，搓散饭团，拌入酒药，搭成“U”形圆窝，窝底直径约20 cm，饭面撒一层酒药，米饭拌药后品温以26～30 ℃为宜，加盖保温。18～25 h后开始升温，24～36 h来甜酿液，来酿品温29～33 ℃。

(6)加曲、喂熟燕麦　加入原料量的6%，添加事先活化好的复合酶，喂入熟燕麦，喂麦后品温控制在26～28 ℃，略拌匀，捏碎熟燕麦块即可。

(7)罐坛后发酵　开耙后8～10 h，将酒醪灌入酒坛，置于阴凉处进行缓慢后发酵。经35～40 d酒醅成熟，即可压榨。

(8)压榨　在低温条件下澄消5 d，吸去上清液，采用过滤机过滤，转入煎酒。

(9)煎酒、罐坛封口　煎酒温度85～86 ℃，15 min，对灌入热酒的陶坛马上用荷叶、箬壳封好坛口，麻绳扎紧，用黄泥封口定型。

(10)储存老熟　刚煎封入库的坛黄酒，口味粗糙，胎气重，香味不足，必须通过储存使酒老熟陈化，使香气转陈，酒味柔和。储存时间以酒中糖、氮、酸、酒精度含量来综合掌握，对成品坛黄酒储存时间一般掌握在1年以上即可。

第六章　燕麦病虫草害及绿色防控技术

近年来，随着燕麦种植面积的逐渐扩大以及环境气候的变化，燕麦病虫害问题日益突出，给产业发展带来不良影响。在北方地区燕麦主要病害有黑穗病、叶斑病、锈病和红叶病，其中以锈病和红叶病较为严重；虫害主要有黏虫、蚜虫等，上述病虫害在不同年份时有发生，严重时造成减产30%～50%，严重影响了燕麦产业的健康发展。另外，燕麦产区生产者普遍认为燕麦"皮实"，对燕麦病虫害缺乏足够的重视，大田生产中基本不防治，任由病虫害蔓延发展；技术人员对此也缺乏相关的研究，病虫害大发生的年份只能借鉴小麦或大麦上的防治方法，导致防治不彻底、效果不理想。燕麦田分布较广的杂草有狗尾草、稗草、猪毛菜、藜、黄花蒿、牻牛儿苗、打碗花、山苦菜、卷茎蓼、苍耳、蒲公英、田旋花、艾蒿、蛇头草、地肤、扁蓄、野胡萝卜、野荞麦等。当前由于燕麦机械化、规模化种植使得杂草问题日益突出，并且生产者缺乏必要的知识和技术，除草剂的药害现象也越来越严重。因此，针对主要病虫草害的发生规律进行研究，提出防治措施很有必要。

第一节　燕麦病害及其防治

目前，世界上已有记录的燕麦病害有50余种，我国有18种，其中为害较重的有燕麦黑穗病、锈病、白粉病、红叶病、叶斑病等。黑穗病主要分布在我国华北和西北燕麦产区，严重时造成30%～50%的产量损失；锈病主要分布在东北和河北的部分地区；叶斑病全国燕麦产区均有发生，在内蒙古、河北等地发生较多，危害严重；白粉病主要分布在西南、西北和华北地区；红叶病主要分布于西北、华北等比较干旱、蚜虫危害较重的地区。

一、真菌性病害

(一)燕麦坚黑穗病

1. 发病症状

坚黑穗病主要发生在抽穗期。坚黑穗病带病植株从苗期到抽穗初期，症状不明显，外形与健康植株相似，到灌浆后期病穗染病的结实部分，变成黑褐色粉末状的孢子堆，病穗比较松散。种子的胚和颖片被毁坏，其内充满黑褐色粉末状厚垣孢子，其外具坚实不易破损的污黑色膜。厚垣孢子黏结较坚实，不易分散，收获时仍呈坚硬块状，故称坚黑穗病。见图6-1。

2. 防治方法

(1)农业防治　播种前或收获后，清除田间及四周杂草，

图 6-1 燕麦坚黑穗病

集中烧毁或沤肥；深翻地，晒土，促使病残体分解，减少病源和虫源；提倡轮作，选用抗病品种，选用无病、包衣的种子；合理密植，增加田间通风透光度；提倡施用充分腐熟的农家肥，不用未充分腐熟的肥料；增施磷、钾肥，重施基肥、有机肥有利于减轻病害。

(2)化学防治　拌种霜按种子量的 0.2%拌种，药效可达 95%～100%；或 50%克菌丹按种子量的 0.3%～0.5%，播前 5～7 d 拌种堆放在一起可提高拌种效果；或 25%萎锈灵按种子量的 0.3%拌种；也可用 50%福美双按种子量的 0.3%拌种。另外若用多菌灵、甲基托布津等可湿性农药湿拌闷种防效更好。湿拌药剂闷种的方法是：按常规用量将药剂溶于水中，用水量是种子量的 3%～5%，若气温低于 0 ℃，将水加温至 10 ℃，种子以 100 kg 为一堆，平摊在水泥地面上，用小喷雾器边喷药液边用木锨翻拌，连续翻 3 遍以上，然后集堆盖好，闷种 5～7 d 即可播种。

(二)散黑穗病

1. 发病症状

燕麦散黑穗病的病株矮小,仅是健康植株株高的1/3～1/2,抽穗期提前。病状始见于花器,染病后子房膨大,病穗的种子充满黑粉,外被一层灰膜包住,后期灰色膜破裂,散出黑褐色的厚垣孢子粉末。

2. 防治方法

多年的生产实践和科学研究表明,选用优良的拌种药剂和抗病品种,合理轮作倒茬,严格按照操作规程拌种,可完全消除散黑穗病。

(1)农业防治　参考燕麦坚黑穗病防治方法。

(2)化学防治

①拌种。用40%福尔马林配成的1%溶液,或50%多菌灵,或50%福美双,或70%甲基托布津拌种,充分拌匀后盖上麻袋或塑料薄膜,闷种5 h后马上播种。

②浸种。用55 ℃热水浸种10 min,也可先用冷水预浸3 h,然后用52 ℃热水浸种5 min,再放入冷水中冷却,捞出晾干备用,或用40%福尔马林280倍液浸种60 min后晾干播种。

③药剂防治。选用70%代森锰锌可湿性粉剂500～600倍液,或75%百菌清可湿性粉剂800～1 000倍液,或25%苯菌灵乳剂800～1 000倍液,或15%三唑酮可湿性粉剂2 000倍液,或50%福美双可湿性粉剂500倍液,或70%甲基托布津可湿性粉剂1 000倍液喷雾防治。

(三)燕麦锈病

1. 发病症状

该病包括冠锈病、秆锈病和条锈病3种,我国燕麦以秆锈病为主,主要发生在7月中、下旬。发病初期,叶片上产生橙黄色椭圆形小斑,后病斑逐渐扩散出现稍隆起的小疮疱,即夏孢子堆。当孢子堆上的包被破裂,散出夏孢子。后期燕麦近枯黄时,在夏孢子堆基础上产生黑色的、表皮不破裂的冬孢子堆。见图6-2。

图6-2 燕麦锈病

2. 防治方法

(1)选用抗锈病高产良种。

(2)消灭病株残体,清除田间杂草寄主。

(3)实行"豌豆—小麦—马铃薯—燕麦—胡麻—豌豆"轮

作方式，避免连作。

(4)加强田间管理，多中耕，增强植株抗病能力，合理施肥，防止贪青徒长晚熟，多施磷钾肥促进早熟。

(5)发病后及时喷药防治，用25%三唑酮、12.5%速保利可湿粉在发病初期兑水喷雾；用12.5%粉唑醇乳油、20%萎锈灵乳油在锈病盛发期兑水喷雾；也可用25%三唑酮可湿粉12 g拌种10 kg燕麦。

(四)燕麦白粉病

1. 发病症状

主要发生在叶及叶鞘上，叶的正面较多，叶背、茎及花器也可发生，病部初期出现灰白色粉状霉层，后呈乌褐色并生黑色小点，即闭囊壳。见图6-3。

图 6-3　燕麦白粉病

2. 防治方法

(1)选取抗病品种进行栽培。

(2)提倡施用酵素菌沤制的堆肥或腐熟有机肥;采用配方施肥技术,适当增加磷钾肥的施用,根据品种特性和地力合理密植。

(3)化学防治。用25%的三唑酮可湿性粉剂拌种。当白粉病病叶率在10%以上时,可喷施20%的三唑酮乳油1 000倍液或40%福星乳油8 000倍液。

(五)燕麦叶斑病

1. 发病症状

燕麦叶斑病又称条纹叶斑病,主要为害叶片和叶鞘。发病初期病斑呈水浸状,灰绿色,大小(1～2)mm×(0.5～1.2)mm,后逐渐变为浅褐色至红褐色,边缘紫色。病斑四周有一圈较宽的黄色晕圈,后期病斑继续扩展达(7～25)mm×(2～4)mm,呈不规则形条斑。严重时病斑融合成片,从叶尖向下干枯。见图6-4。

图6-4 燕麦叶斑病

2. 防治方法

(1)农业防治 参考燕麦坚黑穗病防治方法。

(2)生物防治　用80%抗菌剂402水剂5 000倍液浸种1 d后，捞出晾干即可播种。

(3)化学防治　可用5%速保利拌种剂，或40%多菌灵、50%的福美双、70%甲基托布津拌种。也可在发病期间用50%的多菌灵、50%苯菌灵可湿性粉剂喷雾。

二、细菌性病害

细菌性病害主要为燕麦细菌性条斑病。

主要发生在北方燕麦种植区，连作地、地势低洼、排水不良以及管理粗放、肥力不足易发病；氮肥施用过多或过迟，栽培过密，或者上年秋冬温暖、干旱、少雨雪，翌年开花灌浆期气候温暖多湿或长期连阴雨易发病。

1. 发病症状

病斑浅褐色或红褐色，条状，沿叶脉扩展。见图6-5。

图6-5　燕麦细菌性条斑病

2. 防治方法

(1)农业防治 参考燕麦坚黑穗病防治方法。

(2)生物防治 同燕麦叶斑病。

(3)化学防治 选用20%龙克菌悬浮液600～800倍液,47%加瑞农可湿性粉剂700～800倍液,72%农用硫酸链霉素可溶性粉剂4 000倍液,90%新植霉素可溶性粉剂4 000倍液喷雾防治。

三、病毒性病害

病毒性病害主要为燕麦红叶病。

1. 发生与为害

燕麦红叶病是一种由大麦黄矮病毒(BYDV)引起的病毒性病害,可由蚜虫、蓟马、条斑蝉等昆虫传播。主要通过蚜虫从其他越冬寄主上吸入的病毒传播,病毒侵染植株3～15 d出现症状,植株染病后一般上部叶片先表现症状。叶部受害后,先自叶尖开始,呈现紫红色或红色,逐渐向下扩展成红绿相间的条纹或斑纹,叶片变厚、变硬。植株受害后,造成不同程度的矮化、早熟和枯萎现象,燕麦穗粒数、穗粒重明显下降。见图6-6。

2. 防治方法

(1)选用抗病良种。

(2)改善栽培管理,合理施用氮肥、磷肥,促进早封垄,增加田间湿度,减少黄叶,保持绿叶数量,同时消灭田间地埂周围杂草,控制寄主和病毒来源。

图 6-6　燕麦红叶病

(3)若发现发病植株,及时喷药杀灭蚜虫控制病毒传播,可用40%乐果乳油2 000～3 000倍液;80%敌敌畏乳油3 000倍液;或50%辛硫磷乳油200倍液喷雾;也可在播种前用内吸剂浸种或用内吸剂制成颗粒拌种。

四、贮藏期病害

燕麦贮藏期的病害主要是以真菌病害为主,真菌对燕麦品质的影响非常大,除了引起霉变发热、变色变味外,还能产生毒素。在燕麦贮藏过程中主要以黄曲霉最为普遍。

1. 发生与为害

燕麦贮藏过程中含水量过高是燕麦发生霉变的主要原因,再加上燕麦有氧呼吸产生大量的热量,易滋生黄曲霉,产生黄曲霉毒素。1993年,黄曲霉毒素被世界卫生组织的癌症研究机构划定为Ⅰ类致癌物,是一种毒性极强的剧毒物质。

2. 防治方法

(1)燕麦贮藏前要控制好燕麦含水量,同时调节贮藏环境,应经常注意通风,控制粮堆温度。

(2)密闭与气调贮藏。当燕麦进行密闭贮藏时,粮堆内的氧气可以降低至0.2%以下,从而抑制绝大多数霉菌的活动,达到防霉的目的。也可通过向粮仓中通入二氧化碳气体或氮气,降低环境中氧分压以抑制霉菌活动,达到防霉目的。

(3)生产实践中应用的防霉剂种类很多,可以施用丙酸及其盐类、山梨酸及其盐类以及二溴乙烯。

第二节　燕麦虫害及其防治

我国已知为害麦类作物的害虫有100多种,对生产影响较大的重要种类约20种。与其他麦类作物相比,燕麦害虫种类较少且为害程度较轻。苗期主要受地下害虫危害,如蛴螬、蝼蛄、地老虎和金针虫等;生长期主要害虫有蚜虫、黏虫等;贮藏期主要是麦蛾、玉米象等。

一、地上害虫

(一)蚜虫

1. 发生与为害

蚜虫俗称腻虫、旱虫,属同翅目蚜科,是燕麦的主要害虫之一(图6-7)。麦蚜的寄主种类较多,多群集在叶背面和穗部为害,并排泄蜜露,影响燕麦的呼吸和光合作用。被害处呈浅黄色斑点，严重时叶片发黄，甚至整株枯死。蚜虫又是植物病毒的重要昆虫媒介，以传播 BYDV 为害最重。长期干旱，温度较高，气候条件适宜，天敌少，而早期蚜虫量又多，是蚜虫大发生的有利条件。

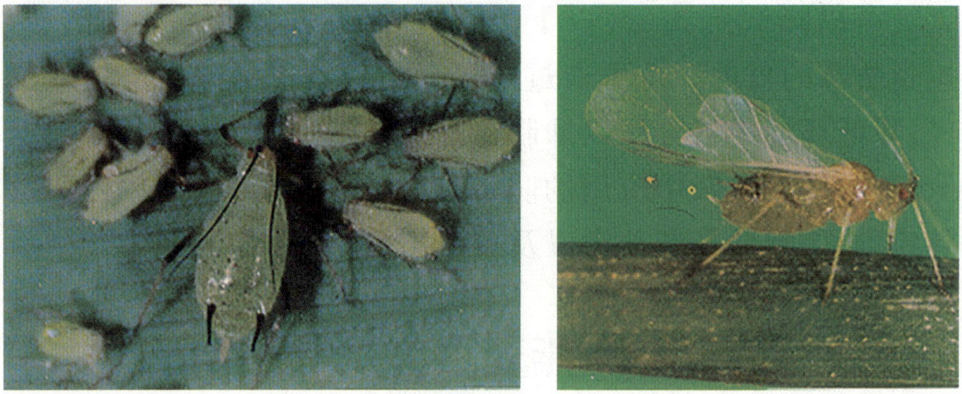

图 6-7　蚜虫

2. 防治方法

(1)合理作物布局。

(2)选用高产优质的抗虫品种。

(3)药剂防治。喷洒 50%抗蚜威可湿性粉剂 2 000 倍液、10%吡虫啉可湿性粉剂 1 000 倍液等。也可与防治红叶病结合，采用拌种方法进行防治。

(二)黏虫

1. 发生与为害

黏虫又称东方黏虫、五色虫、夜盗虫，属鳞翅目夜蛾科。黏虫食性较杂，主要为害水稻、小麦、玉米、燕麦、高粱、谷子、糜子等禾本科作物。大发生时可将作物叶片全部食光，造成大幅度减产甚至绝收。因其群聚性、迁飞性、杂食性、暴食性，成为全国性重要农业害虫。

黏虫的适宜温度为10～25 ℃，温度低于0 ℃或高于3 ℃对其生长发育和存活均有不利影响，温度高于35 ℃时孵化的幼虫均不能存活，高湿有利于虫的生长发育和繁殖，黏虫迁飞有顺风运转的特点，每晚迁飞距离可达400～800 km。

2. 防治方法

防治黏虫必须把幼虫控制在3龄以前，如果超过4龄则进入暴食期，防治效果降低。

(1)耕作防治　在越冬区，结合种植业结构调整，合理调整作物布局，大量压缩麦田面积；通过冬季铲除杂草等可有效减少越冬虫源，降低第1代发生区的发生程度。在1～3代发生区，通过合理密植，加强田间水肥管理等，控制田间小气候，可降低卵的孵化率和幼虫存活率。

(2)药剂防治　防治黏虫的化学药剂较多，应注意选择高效、低毒、低残留或与环境相容性好的药剂。目前常用的杀虫剂有90％晶体敌百虫、50％辛硫磷、45％马拉硫磷、40.7％乐斯本等。对天敌杀伤作用较小的药剂有25％灭幼脲3号、20％除虫脲、1.8％阿巴丁、0.3％苦参碱等。

(三)叶蝉

1. 发生与为害

叶蝉属同翅目叶蝉科，主要有大青叶蝉、条沙叶蝉和小绿叶蝉，寄生在禾本科和十字花科等植物上。以成虫、若虫吸取叶片汁液，被害叶初现黄白色斑点，渐扩大成片，严重时全叶苍白早落。它们以植物的汁液为食,使植株变弱,也会引入一些毒素进一步为害植株。有些种类还会传播类菌原体病害,如星状黄化和丛枝病。成虫在落叶、杂草或低矮作物中越冬。

2. 防治方法

(1)农业防治　清洁田园,清除落叶及杂草,减少越冬虫源。

(2)物理防治　灯光诱杀成虫。

(3)药剂防治　10%吡虫啉可湿性粉剂 2 500 倍液,或用 25%灭幼脲悬浮剂 2 000～2 500 倍液,或用 25%扑虱灵可湿性粉剂 1 500 倍液叶面喷施。

二、地下害虫

(一)金针虫类

1. 发生与为害

金针虫是叩头虫的幼虫,属鞘翅目叩头虫科,是我国一类重要的地下害虫(图 6-8),主要有沟金针虫、细胸金针虫、褐纹金针虫、宽胸金针虫等。沟金针虫、细胸金针虫分布较广,较为常见,为害各种作物、蔬菜和林木,咬食播下的种子,伤害胚乳使之不能发芽;咬食幼苗须根、主根或地下茎,使之不能生长甚至枯死亡;还能蛀入块茎或块根,有利于病原菌的侵入而引起腐烂。金针虫为害幼苗的症状是受害苗主根很少被咬断,被害部位不整齐,呈丝状。其成虫在地上取食作物的嫩叶,但为害不重。

图 6-8　金针虫

2. 防治方法

(1)农业防治　耕翻土壤,实行精耕细作。春、秋播前翻耕土壤,特别是在我国北方深秋深翻多耙,通过机械损伤、天敌捕食、寒冷冻死等,可消灭大量蛴螬、金针虫、根蛆等地下害虫。合理施肥,猪粪、厩肥等农家肥必须腐熟后方可施入田间,施后要覆土,不能露在土表。

(2)化学防治　目前,地下害虫的综合防治主要以化学防治为主,防治方法有种子处理、土壤处理以及诱饵毒杀等。

①种子处理　种子处理因方法简单、用药量低、对环境安全等特点成为当前防治地下害虫最理想的方法之一,可采用 50%的辛硫磷乳油拌燕麦种子 50 kg 播种。

②土壤处理　土壤处理方法有多种,可将农药在播种前均匀撒在地表上,然后犁入土壤中,也可将农药与底肥和种子混合施入土壤中,一般土壤处理采用 50%辛硫磷乳油 3 750～4 000 mL 兑 10 倍水稀释,喷施在 450 kg 左右的沙土上拌成毒土,播前施入土壤中。

③诱饵毒杀　可采用毒谷与种子混播，用谷子或糜子 5 kg，90%的敌百虫 30 倍液 150 g，先将谷子或糜子灭活 10 min（蒸煮即可），晾干后拌药后与燕麦种子一起播种，一般用量为 1 kg/亩。

（二）蛴螬

1. 分布与为害

蛴螬是地下害虫中种类最多、分布最广、为害最重的一个类群（图 6-9）。蛴螬在地下取食多种作物的种子，咬断幼苗的根、茎，断口整齐平截，轻则造成缺苗断垄，重则毁种绝收。蛴螬成虫常是食叶性害虫，可在地上取食作物、果树、林木的叶片、嫩芽、花蕾等，造成不同程度的损伤。

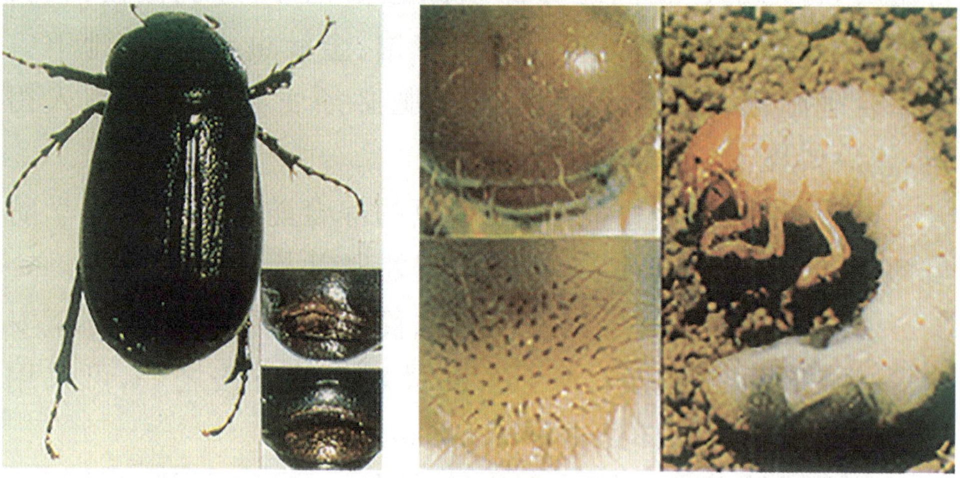

图 6-9　蛴螬

2. 防治方法

参照金针虫防治方法。

(三)蝼蛄

1. 发生与为害

我国北方旱作区为害较重的为华北蝼蛄(图 6-10)。蝼蛄成、若虫均为害严重,潜行土中形成隧道,夜间和清晨活动,在地下喜食刚发芽的种子;咬食幼苗的幼根和嫩茎,扒成乱麻状或丝状,使幼苗生长不良甚至死亡,常常造成缺苗断垄。蝼蛄还常在土壤表层穿行为害,造成种子架空,幼苗吊根,导致种子不能发芽,幼苗失水而死,造成更严重损失。

图 6-10　华北蝼蛄

2. 防治方法

(1)毒饵防治　参考金针虫防治方法。

(2)黑灯光诱杀　夜间 19:00—22:00 在无作物的地块进行,在天气闷热的雨前夜晚效果会更好。

(3)马粪诱杀　在有蝼蛄为害的田间地头堆积新鲜的马粪,诱集后扑杀。

(四)地老虎

1. 分布与为害

分布最广、为害最为严重的是小地老虎和黄地老虎。地老虎是一种多食性害虫,主要以幼虫为害,可将幼苗近地面的茎部咬断,使其整株死亡,造成缺苗断垄。

2. 防治方法

(1)农业防治　清除田间及周围杂草,减少地老虎雌蛾产卵的场所,减少幼虫为害。

(2)物理防治　灯光诱杀,利用成虫趋光性,在田间地头安装黑光灯诱杀。糖醋液诱杀,红糖 6 份,白酒 1 份,醋 3 份,水 10 份,90%敌百虫 1 份,调配均匀,做成诱导液装入盆中,放在田间三脚架上,夜间诱杀成虫,白天将盆取回。每隔 2～3 d 加一次诱杀液。

(3)药剂防治　参考金针虫防治方法。

三、贮藏期害虫

(一)麦蛾

1. 分布与为害

麦蛾是贮藏期最主要的害虫,在全国各地都有分布。麦蛾幼虫多为害大麦、小麦、水稻、玉米、燕麦以及禾本科杂草种子,被害籽粒大部分蛀孔,籽粒重量损失达 56%～75%,并严重影响种子发芽力。

2. 防治方法

(1)清洁卫生　仓库及粮食加工厂保持清洁卫生。

（2）机械防治　常采用风车除虫、筛子除虫、压盖粮面、灯光诱杀及抗虫粮袋等。

（3）物理防治　利用日光暴晒、烘干杀虫、蒸汽杀虫及冬季低温杀虫来消灭贮粮中及包装物上的害虫或恶化仓虫的生活环境条件，抑制害虫的发生和为害，也可以利用缺氧保管。

（4）化学防治

谷物保护剂：原粮之中拌入定量的谷物保护剂（触杀剂），即可防止发生虫害。但已经加工的成品粮，则不应拌药，以免污染。国内常用纯度为 95%（国外为 98%以上）脱臭的马拉硫磷液剂与种子混拌，用量为 10 g/kg，可以采取粮食边入仓边用药液喷雾的方法进行全仓拌药。

药剂熏蒸：在密封良好的仓库，散装粮每吨用磷化铝 3～5 片，空仓每立方米用 0.2～0.4 片，密闭 5 昼夜或更长时间，可延长至半月。

第三节　燕麦草害及其防治

燕麦田间杂草是影响燕麦生产的重要因素，杂草与燕麦争水、肥、光等，有些杂草是病虫害的中间寄主，会降低燕麦的产量和品质。燕麦田间杂草主要发生于出苗期，苗期干旱会加剧杂草与燕麦间的水分竞争，苗期雨水充足则杂草出苗迅速且密度大，将会直接影响燕麦的生长，对产量影响较大。在北方地区，燕麦田间杂草大多是一年生杂草，主要以阔叶杂草为主，禾本科杂草主要是野燕麦、狗尾草、野稷。阔叶草的主要种类有猪毛菜、藜、黄花蒿、打碗花、山苦菜、卷茎蓼、田旋花、艾蒿、地肤、扁蓄和野荞麦等。

一、燕麦田间主要杂草生物学特性

1. 藜

当地称灰菜，为苋科藜属植物，是乌兰察布地区最常见的杂草，主要分布在全球热带和温带地区，是地老虎的寄主（图 6-11）。

图 6-11　藜

生物学特性：一年生草本，种子繁殖，种子最低温度 10 ℃即可发芽，20～30 ℃为最适温度。适应性强，抗寒和耐旱性较强，喜水肥和光照。在乌兰察布地区 4—5 月出苗，7—10 月开花结果，种子量大，每株结种子 2 万粒，种子落地或借风力等外力因素传播。

2. 猪毛菜

当地又称沙蓬、扎蓬棵，藜科。主要分布于我国的东北、华北、西北、内蒙古、西南及西藏、河南、山东、江苏、陕西等地。

生物学特性：一年生草本，种子繁殖，在乌兰察布地区5月开始返青，7—8月开花，8—9月果熟，果熟后，植株干枯，于茎基部折断，随风滚动而散布种子。

猪毛菜适应性、再生性及抗逆性均强，为耐旱、耐碱植物，有时成群丛生于田野路旁、沟边、荒地、沙丘或盐碱化沙质地。

3. 黄花蒿

当地又称黄蒿、臭蒿，学名 *Artemisia annua* L.，是菊科蒿属，全国各地均有分布，适应性强，植株高大，严重影响燕麦产量(图 6-12)。

图 6-12 黄花蒿

生物学特性：一年生草本植物，植株有浓烈的挥发性香气，种子繁殖。种子发芽温度为 8～25 ℃，发芽适温为 18～25 ℃，种子在低温条件下至少可以保存 3 年。在乌兰察布地区 4—5 月出苗，6—9 月为花果期。种子小，单株可结实数千粒至数万粒，随风、水以及动物身体等外力传播。

4. 苣荬菜

当地称甜苣菜，学名 *Sonchus wightianus* DC.，菊科，全国各地均有分布，常以优势种群单生或混生为害（图 6-13）。

图 6-13　苣荬菜

生物学特性：多年生草本，全株有乳汁，地下根状茎匍匐，多数须根着生，以地下茎和种子繁殖，以根茎和种子越冬。在乌兰察布地区，4—5 月出苗，6—10 月为花果期，7 月种子开始成熟。种子成熟后随风传播，经越冬休眠后萌发。

5. 野稷

当地称野糜子，学名 *Panicum miliaceum* L.，禾本科，多生于旱田、果园、菜地以及路边。

生物学特性：一年生草本植物，花果期为 6—9 月，种子繁殖，成熟落地后，经冬眠后萌发。

6. 打碗花

又称喇叭花,学名 *Calystegia hederacea* Wall,属旋花科(图 6-14)。在全国均有分布,为麦田里常见恶性杂草,由于地下茎蔓延迅速,常成单优势群落,对燕麦为害较严重。其不仅直接影响燕麦生长,而且能导致燕麦倒伏,有碍机械收割,是小地老虎的寄主。

图 6-14 打碗花

生物学特性:多年生草本植物,以地下茎和种子繁殖,田间以无性繁殖为主,地下茎质脆易断,每个带节的断体都能长出新的植株。乌兰察布地区 4—5 月出苗,花期 7—9 月,果期 8—10 月。种子成熟后不易脱落,易混入农作物中传播。

7. 野燕麦

学名 *Avena fatua* L.,禾本科、燕麦属一年生植物,是为害麦类等作物的杂草,在全国各地均有分布。

生物学特性：一年生草本植物，种子繁殖，分蘖力强，每株有15～25个分蘖，最多可达64个分蘖；每株结种子410～530粒，多的可达1 250～2 600粒；种子发芽的最适温度为15～20 ℃，在土壤中持续4～5年均能发芽，有的经过火烧和牲畜胃、肠后仍能发芽。

二、燕麦杂草防除技术

1. 农业防除

(1)轮作倒茬　轮作倒茬对于调节和促进土壤肥力，消除或减轻病虫害杂草为害，提高作物产量具有重大意义，通过不同作物的轮作倒茬，改变杂草的生存环境，形成不利于杂草生存的条件，从而控制杂草。同时要精耕细作，结合中耕除草，能够及时地控制麦田杂草。对于多年生杂草重发区，要入冬前深翻，使杂草地下根茎暴露在地表，将其暴晒或者冻死。

(2)农家肥的使用　在农家肥中常混有大量杂草种子，因此，在施用农家肥时必须经过高温腐熟后，充分杀死杂草种子，防止杂草的发生。

(3)加强田间管理　在燕麦4～5叶期以前开始人工除草，以苗压草，充分发挥生态控制效应。

2. 化学防除

燕麦田当前主要以传统的人工除草为主，效益低、效果差，严重制约着农业生产的可持续发展，化学除草因高效、省时、省力、快捷而成为人们的首选，其费用仅为人工除草的1/3，随着种植面积的扩大，化学除草的优势尤为明显。

针对当前燕麦田杂草分布情况，下面重点介绍几种燕麦田常用的化学除草剂。

(1)氟乐灵　是一种二硝基苯胺类选择性触杀型除草剂，也是优良的旱田除草剂，对人畜低毒，防除一年生禾本科和种子繁殖的多年生杂草和某些阔叶杂草，如稗草、狗尾草、蟋蟀草、千金子、早熟禾、雀麦、野燕麦、雀舌草、藜、苋、粟米草、繁缕、地肤、马齿苋等。对龙葵、苍耳、苘麻等宿根性多年生杂草防效差或基本无效。氟乐灵属于土壤处理除草剂，在植物体内输导能力较差，该药易挥发和光解，施药后应立即混土。一般在播前或芽前使用，杂草在种子发芽生长出土过程中吸收，出苗后的茎叶也能吸收。燕麦播前或播后苗期进行土壤处理，施药后及时混土 3～5 cm 深，不宜过深，以免对作物幼苗造成伤害。缺点是残效期长，在北方低温干旱地区可达 10～12 个月，对后茬有一定影响。

用法用量：每亩用量为 48%的氟乐灵乳油 100～170 mL，兑水 45～70 kg，混合均匀后喷雾。

注意事项：①氟乐灵在干燥时使用效果较差，可在用药后喷水提高药效。②尽量选择阴天或傍晚时候喷施，减少药剂光解。

(2)田普　45%微胶囊悬浮剂，为二硝基苯胺类土壤封闭性除草剂，主要抑制芽尖、根尖等生长点细胞的有丝分裂。杂草种子萌发过程中的幼芽、茎和根吸收药剂后，其生长点受到破坏而起作用。施药后在土表形成一层 2～3 cm 厚的药土层，封闭杂草生长。可有效防除稗草、马唐、狗尾草、牛筋草、早熟禾、看麦娘等一年生禾本科尖叶杂草，也可防除藜(灰灰菜)、马齿苋、苋菜、繁缕等一年生阔叶杂草,以及一年生莎草,在高剂量时可抑制龙葵、苘麻、铁苋菜的生长。对马齿苋、繁缕有特效。要在推荐剂量下使用,对燕麦根系安全,不伤根,并增加产量。田普几乎不溶于水,不易淋溶,施药后降雨、灌溉对土表药土层影响不大,药效持久,不易光解,不易挥发,持效期长达 45～60 d。施药时间灵活、选择播前施药、播后苗前施药,移栽前或苗后喷药(早期杂草未出土前)。

用法用量:杂草特别是灰灰菜较多的地块,每亩用量应大于 110 mL,乌兰察布地区每亩用量应为 150～180 mL。原则上草多、土壤黏重、整地不平或有机质含量高于 2%,希望持效期更长的地块用高剂量,反之则用低剂量。

注意事项:①应在播种盖后再喷药,不能用沙子盖种,否则药剂易淋洗到种子而产生药害。②施药后应注意保护药土层,避免铲地等农事操作破坏药土层而导致封不严,防效不好。③在低温情况下作物根系生长慢,或是药后大量浇水及降水造成地块积水,将土表药剂淋洗到根部,可能会产生轻微药害或影响药效,可用促根剂促根生长与解毒。施药后 7 d 左右,土表过度干旱也会影响药效。

(3)扑草净　剂型为 50%、80%可湿性粉剂。难溶于水,易溶于有机溶剂,是内吸选择性除草剂。可经根和叶吸收并传导,抑制杂草光合作用,使杂草死亡。对刚萌发的杂草防效最好,杀草谱广,可防除一年生年禾本科杂草及阔叶杂草,可防除马唐、车前草、蓼、藜、马齿苋等杂草。

用法用量:于燕麦苗 2～3 叶期,杂草 1～2 叶期,每亩用 50%可湿性粉剂 75～100 g,兑水 30～50 kg,做茎叶喷雾处理，可防除繁缕、看麦娘等杂草。

注意事项：①扑草净兑水进行土表喷雾时，先将扑草净加入少量水调成糊状，再加水稀释。②制毒土时应先混入少量细土，充分混合后再加足量的土拌匀，防止因混药不匀出现药害。③使用过扑草净的喷雾器应清洗干净，以免喷施其他农药时产生药害。

(4)苯磺隆　是一种磺酰脲类除草剂，对人、畜毒性极低。具有选择内吸传导性，通过植物的根、茎、叶吸收后，迅速传导，抑制乙酰乳酸合成酶(ALS)的活性，阻碍缬氨酸与异亮氨酸生物合成，造成生长受抑制，植株在 1～3 周内死亡。苯磺隆在土壤中能迅速降解，残效期短，一般为 30～60 d，对后茬作物影响小。主要用于防除各种一年生阔叶杂草，对播娘蒿、荠菜、碎米荠菜、麦家公、藜、反枝苋等效果较好，对地肤、繁缕、蓼、猪殃殃等也有一定的防除效果，对田蓟、卷茎蓼、田旋花、泽漆等效果不显著，对野燕麦、看麦娘、雀麦、节节麦等禾本科杂草无效。

用法用量：燕麦 2 叶期至拔节期，杂草苗前或苗后早期施药。一般用药量 10%苯磺隆可湿性粉剂 10～20 g/亩，兑水量 15～30 kg，均匀喷雾杂草茎叶。杂草较小时，低剂量即可取得较好的防效，杂草较大时，应用高剂量。

注意事项：①本剂活性高、用量少，称取药量要准确，与水要充分混匀。②用药时注意防止药液雾滴飘移至邻近的敏感植物上。③避免在干燥、低温(10 ℃以下)条件下施药，以免影响药效。

(5)立清　40%立清乳油是麦田苗后茎叶处理除草剂，其有效成分为辛溴苯、二甲四氯异辛酯，可防除繁缕、婆婆纳、猪殃殃、卷耳、播娘蒿、泽漆、野油菜等多种阔叶杂草，是目前麦田苗后防除阔叶杂草的优良药剂，而且无土壤残留，不影响后茬作物，具有触杀、传导功能，杀草速度快，杀草谱广，对燕麦田大多数阔叶杂草均有很好的效果，特别对当前常用除草剂苯磺隆、使它隆的抗性杂草如婆婆纳、刺儿菜、铁苋菜等有较高的防效。施药后，一般 3～5 d 杂草受害症状明显，表现为叶片从边缘开始干枯，植株畸形，叶龄大的杂草生长受到严重抑制。药后 30 d 大部分杂草死亡，药后 50～60 d 达到最佳防效。

用法用量：草龄 4～8 叶期，40％立清 80～90 mL/亩兑水 40～50 kg 喷雾；草龄大于 8 叶期和较难防除的杂草，用量为每亩 100 mL。

注意事项：①在燕麦分蘖盛末期施药，拔节期开始后不能使用；施药时应选晴天，光照较强、温度偏高，有利于药效发挥，可加速杂草死亡。②施药后 6 h 内下雨，应补施；不宜与肥料混用，也不能添加助剂，以免造成药害。③该药剂在 0 ℃以下可能结冰，此时若使用应将药剂放在阳光下或室内高温处，不断搅动，直至溶解，不影响药效。④本品可与骠马、禾草灵、苯磺隆、异丙隆、使它隆等混用以扩大杀草谱，提高综合除草效果。

(6)使它隆　内吸传导型茎叶处理除草剂。施药后很快被植物吸收，敏感植物出现典型的激素类除草剂反应，植株畸形、扭曲。温度对其除草的最终效果无影响，但影响其药效发挥的速度，一般在温度低时药效发挥慢。本剂在土壤中淋溶不显著，可防除空心子草、天胡、马齿苋、凹头苋、猪殃殃、牛繁缕、蔊菜、大巢菜、一年蓬、小飞蓬、田旋花等阔叶杂草。

用量用法：燕麦3～5叶期，阔叶杂草2～4叶期，每亩20%的使它隆乳油50～66.7 mL，兑水30～40 kg混匀喷雾。

注意事项：施药时应选择无风或微风天气，严禁将药液漂移到邻近花卉和灌木上。

(7)阔极　是美国富美实生物科技公司研制的三元复配麦田阔叶草除草剂，具有触杀和内吸双重作用，灭草迅速，敏感杂草3 d死亡，能防除麦田各种阔叶杂草，对后茬作物安全。能防除麦田各种阔叶杂草，尤其是对播娘蒿、荠菜、猪殃殃以及恶性杂草泽漆、小蓟、狗儿秧、麦家公、野艾蒿等效果突出。

用法用量：在燕麦4叶期至拔节期均可使用，杂草3～5叶期使用，春季每亩40～60 g，兑水30 kg叶面均匀喷雾，杂草密度高、草龄大时可适当增加剂量。

注意事项：①药剂配制采用两次稀释，充分混合，田间喷雾应均匀周到，勿重喷、漏喷。②低温天气避免使用。③燕麦分蘖前及倒二叶抽出后勿使用。

(8)溴苯腈　选择性苗后茎叶处理触杀型除草剂。药剂通过叶片吸收，在植物体内进行极有限的传导，通过抑制光合作用的各个过程迅速使植物组织坏死。主要用于防除蓼、藜、苋、麦瓶草、龙葵、苍耳、猪毛菜、麦家公、田旋花、荞麦蔓等阔叶杂草。

用法用量：每亩用22.5%溴苯腈乳油100～170 mL，兑水40～60 kg混匀，对准杂草进行茎叶喷施。

注意事项：①使用溴苯腈遇到低温或高湿的天气，除草效果可能会降低。②施药时选择无风或微风的晴好天气，避免将药液施到邻近的敏感作物上。③施药后6 h内应保证无雨，以保证药效。

参考文献

1. 任长忠,田长叶,陈庆富．燕麦荞麦生产实用技术问答．北京:中国农业出版社,2022.
2. 韩冰,王跃飞,王凤梧,等．燕麦饲草生产技术问答．北京:中国农业科学技术出版社,2021.
3. 王凤梧．优质饲用牧草栽培与利用．北京:中国农业大学出版社,2023.
4. 陶雅,林克剑,李峰,等．燕麦栽培技术．北京:中国农业出版社,2022.
5. 沈群．杂粮与科学的美味邂逅．北京:中国农业大学出版社,2022.